中|文|版

Photoshop 2024

+AI 修图

入门教程

委婉的鱼 ◎编著

U0230645

北京大学出版社
PEKING UNIVERSITY PRESS

内 容 提 要

Photoshop 2024 加入了强大的人工智能处理图像的插件——Firefly，它使得 Photoshop 操作更容易上手，效率也大大提高。一起来感受 Photoshop 所带来的图像处理魅力吧。

本书共包含 12 章，分别讲解了 Photoshop 2024 的操作界面和工具的基础操作、AI 插件的图像处理应用、图层的知识、选区的基础知识和操作、绘画和图像修饰的技法、调色的相关知识、文字的处理方法、路径和矢量工具、蒙版的相关知识、通道知识、强大的滤镜库功能，以及多个综合实战案例。

本书适用于从事平面设计、影像创意、网页设计、数码图像处理等行业的广大初、中级人员学习使用，也可以作为相关职业院校、培训班的教材参考书。

图书在版编目（CIP）数据

中文版 Photoshop 2024+AI 修图入门教程 / 委婉的鱼 编著 . —— 北京：北京大学出版社，2024.7
ISBN 978-7-301-35115-4

Ⅰ . ①中… Ⅱ . ①委… Ⅲ . ①图像处理软件 – 教材 Ⅳ . ① TP391.413

中国国家版本馆 CIP 数据核字 (2024) 第 108148 号

书　　　名	中文版 Photoshop 2024+AI 修图入门教程	
	ZHONGWEN BAN Photoshop 2024+AI XIUTU RUMEN JIAOCHENG	
著作责任者	委婉的鱼　编著	
责 任 编 辑	刘云　吴秀川	
标 准 书 号	ISBN 978-7-301-35115-4	
出 版 发 行	北京大学出版社	
地　　　址	北京市海淀区成府路 205 号　100871	
网　　　址	http://www.pup.cn　　新浪微博：@ 北京大学出版社	
电 子 邮 箱	编辑部 pup7@pup.cn　总编室 zpup@pup.cn	
电　　　话	邮购部 010-62752015　发行部 010-62750672　编辑部 010-62570390	
印 刷 者	北京宏伟双华印刷有限公司	
经 销 者	新华书店	
	720 毫米 ×1020 毫米　16 开本　14.5 印张　490 千字	
	2024 年 7 月第 1 版　2024 年 7 月第 1 次印刷	
印　　　数	1—4000 册	
定　　　价	79.00 元	

未经许可，不得以任何方式复制或抄袭本书之部分或全部内容。
版权所有，侵权必究
举报电话：010-62752024　电子邮箱：fd@pup.cn
图书如有印装质量问题，请与出版部联系，电话：010-62756370

前言

Photoshop 是一款功能强大的图像处理软件，广泛应用于图像编辑、电商设计、平面设计、UI 设计、插图设计、广告摄影、游戏设计、室内设计和创意合成等领域。

随着生成式 AI 的流行，Adobe 公司在 Photoshop 新版本中引入了 AI 图形处理功能，帮助用户实现扩展填充、智能擦除、替换主体和背景、智能融合及文字生成等操作，使得图像处理更加便捷。

本书从 Photoshop 基础知识和基本操作入手，详细讲解了 AI 图形处理、图层、选区、绘画和图像修饰、调色、文字、路径与矢量工具、蒙版、通道和滤镜等内容，并通过综合案例帮助读者融会贯通。

内容特色

本书内容特色有以下 4 个方面。

入门轻松： 从 Photoshop 最基础的知识入手，按合理顺序安排学习内容，适合初学者和稍有基础的设计从业者。

循序渐进： 根据读者学习新技能的习惯，先讲解基础知识和基本操作，再重点阐述生成式 AI 知识，最后按从易到难的顺序安排图层、选区、绘画和图像修饰、调色、文字、路径与矢量工具、蒙版、通道、滤镜等内容的学习。

讲练结合： 全书分为 12 章，每章按小节划分具体知识点，并结合案例进行讲解。每章都配有相应的操作练习，帮助读者巩固理论知识，掌握具体操作。

聚焦热点： 详细介绍生成式 AI 插件 Firefly 的智能生成填充功能，能够参照原有图像的透视、光影、亮度、色彩、边界等因素，进行扩展和填充；智能擦除不需要的部分，替换素材中的对象；按文字提示生成所需图像，如替换主体对象或背景，在图像某块区域生成所需对象等。生成式 AI 的引入，大幅缩短了修图时间，降低了人力成本，带来了全新改变。

配套资源

本书附赠全书案例源文件和视频学习资源，读者可以扫描下方二维码关注"博雅读书社"微信公众号，输入本书 77 页的资源下载码，即可获得本书的下载学习资源。

contents

目录

第 2 章

AI 插件 Firefly 智能生成填充

第 3 章

图层

第 4 章

选区

第 5 章

绘画和图像修饰

第 6 章

调色

第 7 章

文字

第 8 章
路径与矢量工具

第 9 章
蒙版

第 10 章
通道

第 11 章
滤镜

第 12 章
AI 插件与电商设计综合案例

本章主要学习 Adobe Photoshop 的操作界面、必备的基础概念、常见基础工具、图像文件的基本操作、图像和画布调整、辅助工具及图像的变换与裁剪等知识。

1.1 Photoshop 软件的操作界面

启动 Photoshop 2024，图 1-1 为进入软件的第一个界面。

图 1-1

1.1.1 主页屏幕

启动 Photoshop 后可显示主屏幕，登录账号，它包含以下内容。

主屏幕右侧，显示 Photoshop 自带的教程和最近打开的文档。如有需要，可以自由设置显示最近打开文件的数量。执行"编辑 > 首选项 > 文件处理"，在近期文件列表包含字段中指定所需的数值（0~100）即可。

主屏幕的左侧，会显示以下选项卡和按钮。

·新文件：单击此按钮可新建一个文档，如图 1-2 所示，可以通过选择 Photoshop 中众多可用的模板和预设来创建文档。

图 1-2

·打开：单击此按钮可打开 Photoshop 中的现有文档，如图 1-3 所示。

图1-3

·主页：单击此选项卡可打开主屏幕，如图1-4所示。

图1-4

·学习：单击此选项卡可在 Photoshop 上打开基础和高级教程列表，如图1-5所示，这些教程旨在帮助用户快速学习和理解相关概念、工作流程和技巧，以及应用程序的入门知识。

图1-5

·Photoshop 云文档："您的文件""已与您共享""已删除"是 Photoshop 云文档所包含的内容。云文档是 Adobe 新推出的原生云文档文件类型，可直接从 Photoshop 应用程序中联机或脱机访问。可以跨设备访问云文档，同时，所做的编辑会通过云自动存储。

主屏幕的右上角，会显示以下选项卡和按钮。

·已保存：如图1-6所示，可以查看云储存使用情况。

查找更多应用程序内教程

图1-6

·搜索：如图1-7所示，可以搜索相关问题、教程、技巧等。

图1-7

·新增功能：此版本 Photoshop 相对于上一版本，有关新功能的信息，如图1-8所示。

图1-8

小提示

在处理 Photoshop 文档期间，随时可以访问主屏幕，只需单击如图1-9所示选项栏中的"主页"图标即可，要退出主页屏幕，只需按 Esc 键即可。

图1-9

启动 Photoshop 2024 软件，通过主屏幕打开任意图像后，图1-10为 Photoshop 的工作界面，可以看到工作界面由菜单栏、选项栏、工具箱、状态栏、图像窗口，以及各式各样的浮动面板组成。可以使用各种元素（如面板、栏以及窗口）来创建和处理文档。

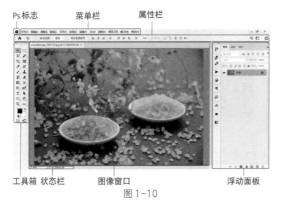

Ps标志
菜单栏
属性栏
工具箱
状态栏
图像窗口
浮动面板
图1-10

1.1.2 菜单栏

Photoshop 2024的菜单栏中包含12组主菜单，分别是文件、编辑、图像、图层、文字、选择、滤镜、3D、视图、增效工具、窗口和帮助，如图1-11所示。单击相应的主菜单，即可打开该菜单下的命令，例如执行“滤镜 > 模糊 > 高斯模糊”菜单命令，效果如图1-12所示。

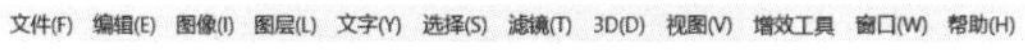

文件(F) 编辑(E) 图像(I) 图层(L) 文字(Y) 选择(S) 滤镜(T) 3D(D) 视图(V) 增效工具 窗口(W) 帮助(H)
图1-11

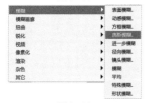

模糊
模糊画廊
扭曲
锐化
视频
像素化
渲染
杂色
其它
表面模糊...
动感模糊...
方框模糊...
高斯模糊...
进一步模糊
径向模糊...
镜头模糊...
模糊
平均
特殊模糊...
形状模糊...
图1-12

1.1.3 图像窗口

图像窗口是显示打开图像的地方。如图1-13所示，图像窗口的选项卡中会显示这个文件的名称、格式、窗口缩放比例和颜色模式等信息。如果只打开了一张图像，则只有一个图像窗口，如图1-14所示；如果打开了多张图像，则图像窗口会按选项卡的方式进行显示，如图1-15所示。单击某个图像窗口的选项卡即可将其设置为当前工作窗口。

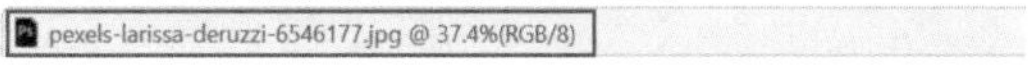

pexels-larissa-deruzzi-6546177.jpg @ 37.4%(RGB/8)
图1-13

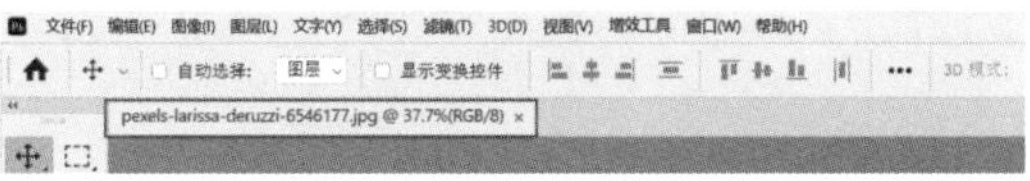

文件(F) 编辑(E) 图像(I) 图层(L) 文字(Y) 选择(S) 滤镜(T) 3D(D) 视图(V) 增效工具 窗口(W) 帮助(H)
自动选择:
图层
显示变换控件
3D 模式:
pexels-larissa-deruzzi-6546177.jpg @ 37.7%(RGB/8)
图1-14

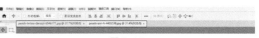

图1-15

小提示

在默认情况下，打开的所有文件都会以停放为选项卡的方式紧挨在一起。按住鼠标左键拖曳图像窗口的标题栏，可以将其设置为浮动窗口，如图1-16所示；按住左键将浮动图像窗口的标题栏拖曳到选项卡中，图像窗口会停放到选项卡中，如图1-17所示。

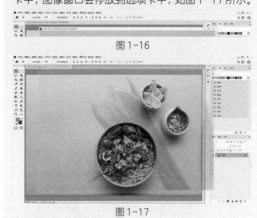

图1-16

图1-17

❶ 重新排列、停放或浮动“文档”窗口

打开多个文件时，如图1-18所示，“文档”窗口将以选项卡方式显示。

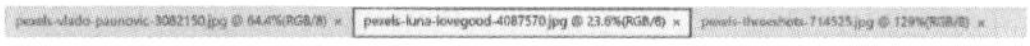

图1-18

若要重新排列选项卡式“文档”窗口，请将某个窗口的选项卡拖动到组中的新位置，如图1-19所示。

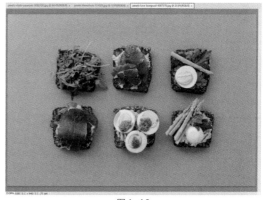

图1-19

❷ 停放或浮动“文档”窗口

要从窗口组中取消停放（浮动或取消显示）某个“文档”窗口，如图1-20所示，将该窗口的选项卡从组中拖出即可。

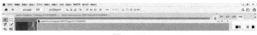

图1-20

图 1-25

1.1.4 工具箱

小提示

还可以选择"窗口 > 排列 > 在窗口中浮动"以浮动单个"文档"窗口，或选择"窗口 > 排列 > 使所有内容在窗口中浮动"以同时浮动所有"文档"窗口，如图 1-21 所示。

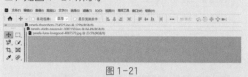

图 1-21

如图 1-22 所示，要将某个"文档"窗口停放在单独的"文档"窗口组中，请将该窗口拖到该组中，效果如图 1-23 所示。

图 1-22

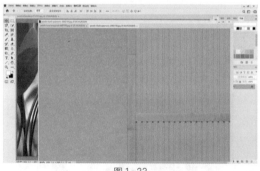

图 1-23

若要创建堆叠或平铺的文档组，选择"窗口 > 排列 > 堆积"，如图 1-24 所示，或选择"窗口 > 排列 > 平铺"，效果如图 1-25 所示。

图 1-24

"工具箱"中集合了 Photoshop 的大部分工具，这些工具共分为 8 组，分别是选择工具、裁剪与切片工具、吸管与测量工具、修饰工具、绘画工具、文字工具、路径与矢量工具、导航工具，外加一组设置前景色和背景色的图标与切换模式图标，另外还有一个特殊工具"以快速蒙版模式编辑"，如图 1-26 所示。单击某个工具，即可选择该工具。如果工具的右下角带有三角形图标，表示这是一个工具组。在工具上单击鼠标右键即可弹出隐藏的工具，图 1-27 所示是"工具箱"中的所有隐藏的工具。

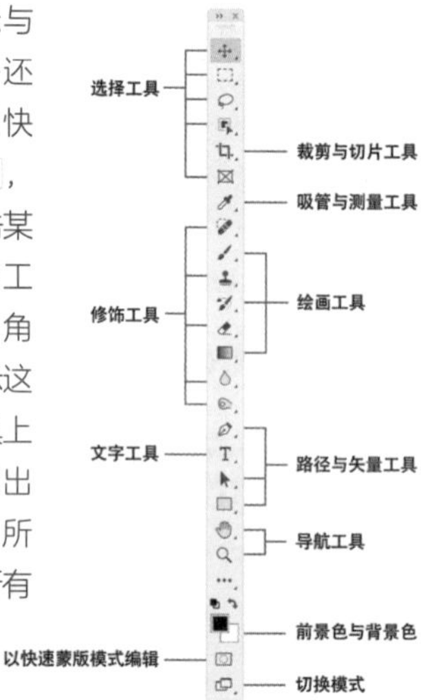

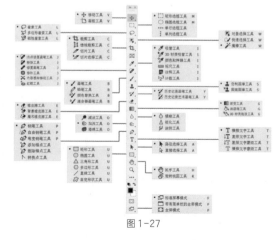

图 1-26

图 1-27

"工具箱"可以折叠起来,单击"工具箱"顶部的折叠 ›› 图标,可以将其折叠为双栏,如图1-28所示,同时折叠图标会变成展开 ‹‹ 图标,再次单击,可以将其还原为单栏。另外,可以将如图1-29所示的停靠状态"工具箱"设置为浮动状态,方法是将鼠标指针放置在 ┉┉┉ 图标上,按住左键拖曳即可,如图1-30所示(将"工具箱"拖曳到原处,可以将其还原为停靠状态)。

图1-28　　　　图1-30

1.1.5 选项栏

选项栏主要用来设置工具的参数选项,不同工具有不同的选项栏。例如,当选择"魔棒工具" ✦.时,其选项栏会显示如图1-31所示的内容。

图1-31

1.1.6 状态栏

状态栏位于工作界面的最底部,显示当前文档的大小、尺寸、当前工具和窗口缩放比例等信息,单击状态栏中的箭头图标›,可设置要显示的内容,如图1-32所示。

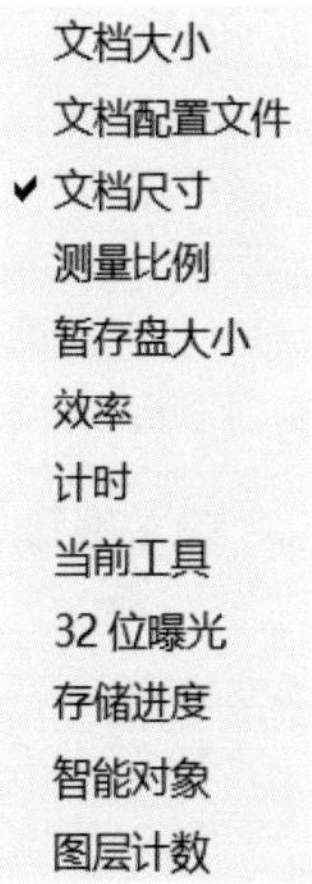

| 文档大小 |
| 文档配置文件 |
| ✔ 文档尺寸 |
| 测量比例 |
| 暂存盘大小 |
| 效率 |
| 计时 |
| 当前工具 |
| 32 位曝光 |
| 存储进度 |
| 智能对象 |
| 图层计数 |

图1-32

1.1.7 浮动面板

Photoshop 有很多面板,这些面板主要用来配合图像的编辑、对操作进行控制,以及设置参数等。

执行"窗口"菜单下的命令即可打开所需面板,如图1-33所示。例如,执行"窗口>样式"菜单命令,使"样式"命令处于勾选状态,那就可以在工作界面中显示出如图1-34所示的"样式"面板。

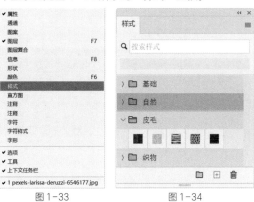

图1-33　　　　图1-34

❶ 折叠／展开与关闭面板

在默认情况下,面板都处于展开状态,如图1-35所示。单击面板右上角的折叠 ‹‹ 图标,可以将面板折叠起来,同时折叠 ‹‹ 图标会变成展开 ›› 图标(单击该图标可以展开面板),如图1-36所示。单击关闭 ✕ 图标,可以关闭面板。

图1-35 　　　　图1-36

如果不小心关闭了某个面板,还可以将其重新调出来。以"颜色"面板为例,执行"窗口>颜色"菜单命令或按F6键可以重新将其调出来。

❷ 拆分面板

在默认情况下,面板以面板组的方式显示在工作界面中,例如,"图层"面板和"通道"面板就是组合在一起的,如图1-37所示。如果要将其中某个面板拖曳出来形成一个单独的

图1-37

5

面板，可以将鼠标指针放置在面板名称上，按住左键并拖曳面板，即可将其拖曳出面板组，如图 1-38 和图 1-39 所示。

图 1-38　　　　　　图 1-39

❸ 组合面板

如果要将如图 1-40 所示的单独的一个面板与其他面板组合在一起，可以将光标放置在该面板的名称上，然后如图 1-41 所示，按住鼠标左键，左键将其拖曳到要组合的面板名称上，即可得到如图 1-42 所示的效果。

图 1-40

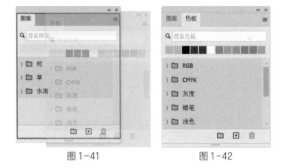

图 1-41　　　　　　图 1-42

❹ 打开面板菜单

每个面板的右上角都有一个 ≣ 图标，单击该图标可以打开该面板的菜单选项，如图 1-43 所示。

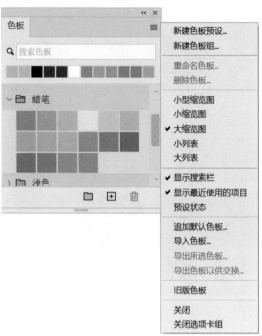

图 1-43

1.2 学习 Photoshop 必备的基础概念

在 Photoshop 中，位图与矢量图像、像素与分辨率、图层、选区、路径、滤镜、蒙版、通道、抠图、调色、合成等概念在学习 Photoshop 的过程中经常出现，这节简单了解这些必备的基础概念，为后期学习打好基础。

1.2.1 位图与矢量图像

矢量图由直线和曲线构成，描述图像的几何特性，精度很高，不会失真，不会影响图像质量，而且文件体积较小，编辑灵活，但是表达的色彩层次整体效果不如位图。位图则包含位置和颜色的信息，色彩丰富，能很细腻地表达图像效果。

❶ 位图图像

位图图像在技术上被称为"栅格图像"，也就是通常所说的"点阵图像"。位图图像由像素组成，每个像素都会被分配一个特定位置和颜色值。相对于矢量图像，在处理位图图像时所编辑的对象是像素而不是对象或形状。

图 1-44 所示的素材，如果将其放大到 3 倍，图像会发虚，如图 1-45 所示，将其放大到 16 倍时就可以清晰地观察到图像中有很多小方块，这些小方块就是构成图像的像素，如图 1-46 所示。

图 1-44

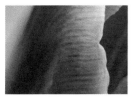

图 1-45　　　　　　　图 1-46

❷ 矢量图像

矢量图像也称为矢量形状或矢量对象，在数学上定义为一系列由曲线连接的点，例如 Illustrator、CorelDraw 和 CAD 等软件就是以矢量图形为基础进行创作的。与位图图像不同，矢量文件中的图形元素称为矢量图像的对象，每个对象都是一个自成一体的实体，它具有颜色、形状、轮廓、大小和屏幕位置等属性。

对于矢量图形，无论是移动还是修改，矢量图形都不会丢失细节或影响其清晰度。当调整矢量图形的大小，将矢量图形打印到任何尺寸的介质上，在 PDF 文件中保存矢量图形或将矢量图形导入到基于矢量的图形应用程序中时，矢量图形都将保持清晰的边缘。图 1-47 是一个矢量图像，将其放大到 4 倍，如图 1-48 所示，图形很清晰，将其放大到 10 倍时，如图 1-49 所示，图形依然很清晰，这就是矢量图形的最大优势。

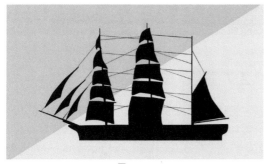

图 1-47

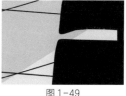

图 1-48　　　　　　　图 1-49

小提示

矢量图像在设计中应用得比较广泛，例如 Flash 动画、广告设计喷绘等（注意，常见的 JPG、GIF 和 BMP 图像都属于位图）。

1.2.2 像素与分辨率

在 Photoshop 中，图像的尺寸及清晰度是由图像的像素与分辨率来控制的。

❶ 像素

像素是构成位图图像最基本的单位。它由许多个大小相同的像素沿水平方向和垂直方向按统一的矩阵整齐排列而成。构成一幅图像的像素点越多，色彩信息越丰富，效果就越好，当然文件所占的空间也就越大。在位图中，像素的大小是指沿图像的宽度和高度测量出的像素数目。如图 1-50 所示，这是 3 张像素分别为 2400×3500 像素、240×350 像素和 24×35 像素的图像，可以清楚地观察到最左边效果是最好的。

图 1-50

❷ 分辨率

分辨率是指位图图像中的细节精细度，测量单位是像素／英寸（ppi），每英寸的像素越多，分辨率越高。一般来说，图像的分辨率越高，印刷出来的质量就越好。例如，在图 1-51 中，两张尺寸相同，内容相同的图像，左图的分辨率为 72ppi，右图的分辨率为 36ppi，放大图像后可以观察到这两张图像的清晰度有着明显的差异，即左图的清晰度明显高于右图。

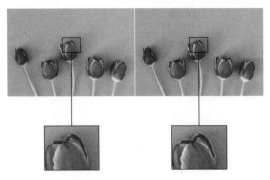

图 1-51

1.2.3 图层

图层是指含有文字或图形等元素的胶片，将图层一张张叠加起来就构成了图像。图 1-52 所示为有 3 个图形的素材（灰色棋盘格表示透明），按一定顺序叠放起来后得到了一个图像素材，其中 3 张图形素材都叫图层，最终呈现的效果如图 1-53 所示。

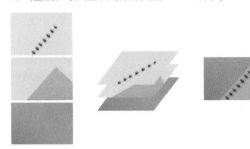

图 1-52

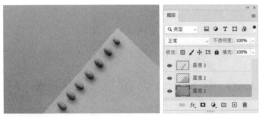

图 1-53

1.2.4 选区

选区是指一个由封闭虚线围住的区域，如图 1-54 所示。由于选区虚线看上去像是移动的蚂蚁，所以称选区的边缘为蚂蚁线，蚂蚁线以内的部分就是选区。选区可以是正方形、长方形、圆形、植物的形状、动物的形状等规则或者不规则形状。

图 1-54

小提示
选区是封闭的区域，不存在开放的选区。

建立选区后，可对选区内的图像进行复制、删除、移动、替换、生成、扩展、抠图、调色等操作，选区外的区域不受任何影响。例如对如图 1-55 所示的素材建立选区后，利用 AI 插件 Firefly 智能生成填充对选区进行智能生成，即可得到如图 1-56 所示的效果。

图 1-55　　　　　　　图 1-56

1.2.5 路径

路径是指用路径工具创建的、由直线或曲线和锚点构成的、开口或者闭合的矢量图形，如图 1-57 所示即为路径。利用各种路径工具可以绘制如图 1-58 所示的背景素材上各种 App 的图标。

图 1-57　　　　　　　图 1-58

1.2.6 滤镜

Photoshop 滤镜是一种插件模块，使用滤镜可以改变图像像素的位置和颜色，从而产生各种特殊的图像效果。比如，可以利用"油画"滤镜将如图 1-59 所示的素材处理成如图 1-60 所示的油画效果。

图 1-59　　　　　　　图 1-60

1.2.7 蒙版

在 Photoshop 中，蒙版分为图层蒙版、剪贴蒙版、矢量蒙版和快速蒙版，这些蒙版都具有各自的功能。这里先简单介绍图层蒙版，在 Photoshop 中处理图像时，常常需要隐藏图像的一部分，图层蒙版就是这样一种可以隐藏图像的工具。在一定程度上它和橡皮擦的功能相似，它可以控制图层的显示程度，但是优于橡皮擦的地方在于，它可以擦除，也可以将已经擦除的内容恢复，并且蒙版上的操作对原图是无损、可逆的。

有如图 1-61 所示的包含"人像"和"背景"两个图层的图像素材，上面的"人像"图层完全掩盖了下面的图层，只能看到上面的一个图层，现在可以通过给上面的"人像"图层添加图层蒙版，再利用"画笔工具"即可将该图层的一部分擦除掉，得到如图 1-62 所示的效果。

图 1-61

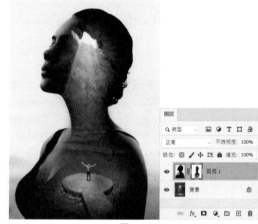

图 1-62

1.2.8 通道

通道是用来存储构成图像信息的灰度图像（黑白灰），它主要记录图像色彩信息，和图像的格式密不可分，不同的图像色彩和格式决定了通道的数量与模式，这些在通道面板中可以直观地看到。通过通道可建立精确的选区，多用于抠图和调色。

例如，利用通道对如图 1-63 所示素材中的树叶建立选区调色，即可得到如图 1-64 所示的效果。

图 1-63   图 1-64

1.2.9 抠图

抠图是指将图像中需要的部分单独分离出来，使所需部分成为单独图层的操作。你可以利用套索工具、选框工具、橡皮擦工具、快速选择工具、魔棒工具、钢笔工具、蒙版、通道等工具和方法，从图像中将需要的部分图像截取出来。

例如，将如图 1-65 所示素材中的菠萝抠出来，移动到其他背景素材上，即可得到如图 1-66 所示的效果。

图 1-65   图 1-66

1.2.10 调色

调色是将图像已有的色调加以改变，形成另一种不同感觉的色调，它带有个人主观喜好，没有标准的规范。Photoshop 提供了非常完美的色彩和色调的调整功能，可以快捷地调整图像的色调。

例如，对如图 1-67 所示素材中的红玫瑰调色，即可得到如图 1-68 所示的蓝玫瑰效果。

图 1-67   图 1-68

1.2.11 合成

合成是指将要合成的众多图像通过混合、叠加、修饰、调色等操作，最终处理成一幅完整图像的过程。图像合成一般包括制作背景、载入素材、蒙版过渡、调整光影及色彩、整体修饰等环节，针对具体的案例，并不是每个环节必须进行，比如有些简单的合成会利用已有的背景素材，就不需要再制作背景。合成是

Photoshop 后期应用中非常重要的一个环节，很多创意、奇幻的图像都来自后期合成。

例如，将如图 1-69、图 1-70、图 1-71 所示的三个素材通过融合背景、蒙版过渡、调整光影、调整色彩及整体修饰，最终合成得到如图 1-72 所示的效果。

图 1-69

图 1-70

图 1-71

图 1-72

1.3 基础工具简介

1.3.1 工具库

在 Photoshop 中，工具箱中的工具，主要用来选择、绘画、编辑以及查看图像等操作，每种工具都有自己独特的功能和使用方法，在学习时需要对比记忆。

1.3.2 选择工具库

选择工具库包含移动工具、选框工具、套索工具、快速选择工具、魔棒工具、对象选择工具和图框工具等。

❶ 移动工具

移动工具可移动选区、图层和参考线等。图 1-73 是具有两个图层的图像，选择图层 1 后，即可使用移动工具进行移动，如图 1-74 所示。

图 1-73

图 1-74

❷ 选框工具

选框工具可建立矩形、椭圆、单行和单列选区。在图 1-75 中，先使用矩形选框工具给图像中的相框创建选区，再对选区内容添加一个渐变调色，即可得到如图 1-76 所示的效果。

图 1-75

图 1-76

❸ 套索工具

套索工具可建立手绘图、多边形（直边）和磁性（紧贴）选区。在图 1-77 中，先使用"套索工具"给图像中的猕猴桃创建选区，再对选区内容进行复制、移动即可得到如图 1-78 所示的效果。

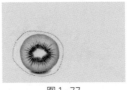

图 1-77

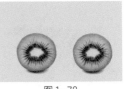

图 1-78

❹ 快速选择工具

快速选择工具可让用户使用可调整的圆形画笔笔尖快速"绘制"选区。在图1-79中，先使用"套索工具"给图像中的橙子创建选区，再对选区内容进行调色，即可得到如图1-80所示的效果。

图1-79　　　　　　　　图1-80

❺ 魔棒工具

魔棒工具可选择着色（颜色）相近的区域创建选区。在图1-81中，先使用魔棒工具给图像中颜色相近的背景创建选区，再对选区内容进行调色，即可得到如图1-82所示的效果。

图1-81　　　　　　　　图1-82

❻ 对象选择工具

对象选择工具可以智能的查找并自动选择对象。在图1-83中，先使用对象选择工具单击图像中的花束，即可给它创建选区，再对选区内容进行复制、移动，即可得到如图1-84所示的效果。

图1-83　　　　　　　　图1-84

❼ 图框工具

图框工具可以为图像创建占位符图框。在图1-85中，使用图框工具创建占位符，将新素材拖入占位符图框，即可得到如图1-86所示的效果。

图1-85　　　　　　　　图1-86

1.3.3　裁剪和切片工具库

裁剪和切片工具库包含裁剪工具、透视裁剪工具、切片工具和切片选择工具等。

❶ 裁剪工具

裁剪工具可裁切图像。使用裁剪工具可以将如图1-87所示的横版图像裁剪成如图1-88所示的竖版效果。

图1-87　　　　　　　　图1-88

❷ 切片工具

切片工具可以为图像创建切片。使用切片工具可以将如图1-89所示的图像切成如图1-90所示的5块。

图1-89　　　　　　　　图1-90

❸ 切片选择工具

切片选择工具可选择切片。在图1-91中使用切片工具将图像切片后，即可使用切片选择工具对切片进行选择，如图1-92所示为选择第二块切片（切片周围出现控制点）的效果。

图1-91　　　　　　　　图1-92

1.3.4 修饰工具库

修饰工具库包含污点修复画笔工具、移除工具、修复画笔工具、修补工具、红眼工具、仿制图章工具、图案图章工具、橡皮擦工具、背景橡皮擦工具、魔术橡皮擦工具、模糊工具、锐化工具、涂抹工具、减淡工具、加深工具和海绵工具等。

污点修复画笔工具可移去污点和对象；移除工具可以移除对象、人物和瑕疵等干扰因素或不需要的区域；修复画笔工具可利用样本或图案修复图像中不理想的部分；修补工具可利用样本或图案修复所选图像区域中不理想的部分；红眼工具可移去由闪光灯导致的红色反光；仿制图章工具可利用图像的样本来绘画；图案图章工具可使用图像的一部分作为图案来绘画；橡皮擦工具可抹除像素并将图像的局部恢复到以前存储的状态；背景橡皮擦工具可通过拖动将区域擦抹为透明区域；魔术橡皮擦工具只需单击一次即可将纯色区域擦抹为透明区域；模糊工具可对图像中的硬边缘进行模糊处理；锐化工具可锐化图像中的柔边缘；涂抹工具可涂抹图像中的数据；减淡工具可使图像中的区域变亮；加深工具可使图像中的区域变暗；海绵工具可更改区域的颜色饱和度。

1.3.5 绘画工具库

绘画工具库包含画笔工具、铅笔工具、颜色替换工具、混合器画笔工具、历史记录画笔工具、历史记录艺术画笔工具、渐变工具和油漆桶工具等。

画笔工具可绘制画笔描边；铅笔工具可绘制硬边描边；颜色替换工具可将选定颜色替换为新颜色；混合器画笔工具可模拟真实的绘画技术（例如混合画布颜色和使用不同的绘画湿度）；历史记录画笔工具可将选定状态或快照的副本绘制到当前图像窗口中；历史记录艺术画笔工具可使用选定状态或快照，采用模拟不同绘画风格的风格化描边进行绘画；渐变工具可创建直线形、放射形、斜角形、反射形和菱形的颜色混合效果；油漆桶工具可使用前景色填充着色相近的区域。

1.3.6 绘图和文字工具库

绘图和文字工具库包含路径选择工具、文字工具、文字蒙版工具、钢笔工具、形状工具、直线工具和自定形状工具等。

路径选择工具可建立显示锚点、方向线和方向点

的形状或线段选区；文字工具可在图像上创建文字；文字蒙版工具可创建文字形状的选区；钢笔工具绘制边缘平滑的路径；形状工具和直线工具可在正常图层或形状图层中绘制形状和直线；自定形状工具可创建从自定形状列表中选择的自定形状。

1.3.7 导航、注释和测量工具库

导航、注释和测量工具库包含抓手工具、旋转视图工具、缩放工具、注释工具、吸管工具、颜色取样器工具和计数工具等。

抓手工具可在图像窗口内移动图像；旋转视图工具可在不破坏原图像的前提下旋转画布；缩放工具可放大和缩小图像的视图；注释工具可为图像添加注释；吸管工具可提取图像的色样；颜色取样器工具最多显示 4 个区域的颜色值；标尺工具可测量距离、位置和角度；计数工具可统计图像中对象的个数。

1.4 图像文件的基本操作

1.4.1 新建文件

在通常情况下，要处理一张已有的图像，只需要将现有图像在 Photoshop 中打开即可。但是如果是制作一张新图像，就需要在 Photoshop 中新建一个文件。执行"文件 > 新建"菜单命令或按快捷键 Ctrl+N，即可打开如图 1-93 所示的"新建"对话框。在该对话框中可以设置文件的名称、尺寸、分辨率和颜色模式等。

图 1-93

·名称：设置文件的名称，默认情况下的文件名为"未标题 –1"。

·预设：选择一些内置的常用尺寸，单击命令窗口上方的各种预设下拉列表即可进行选择。预设列表中包含了"最近使用项""已保存""照片""打印""图稿和插图""Web""移动设备"和"胶片和视频"8个选项，如图 1–94 所示。

图 1–94

·宽度 / 高度：设置文件的宽度和高度，其单位有"像素""英寸""厘米""毫米""点"和"派卡"6种，如图 1–95 所示。

·分辨率：用来设置文件的分辨率大小，其单位有"像素 / 英寸"和"像素 / 厘米"两种，如图 1–96所示。在一般情况下，图像的分辨率越高，印刷出来的质量就越好。

图 1–95　　　　　　图 1–96

·颜色模式：设置文件的颜色模式及相应的颜色深度。颜色模式可以选择"位图""灰度""RGB 颜色""CMYK 颜色"和"Lab 颜色"5 种方式，如图 1–97所示；颜色深度可以选择"8 位""16 位"或"32 位"，如图 1–98 所示。

·背景内容：设置文件的背景内容，有"白色""黑色""背景色""透明"和"自定义"5 个选项，如图 1–99所示。

图 1–97　　　　图 1–98　　　　图 1–99

小提示

如果设置"背景内容"为"白色"，那么新建文件的背景色就是白色；如果设置"背景内容"为"背景色"，那么新建文件的背景色就是 Photoshop 当前设置的背景色。

1.4.2 打开文件

在前面的内容中介绍了新建文件的方法，如果需要对已有的图像文件进行编辑，那么就需要在 Photoshop 中将其打开才能进行操作。

❶ 用打开命令打开文件

执行"文件 > 打开"菜单命令或按快捷键 Ctrl+O，先在弹出的"打开"对话框中选择需要打开的文件，然后单击"打开"按钮 打开(O) 或双击文件，即可在 Photoshop 中打开该文件，如图 1–100 所示。

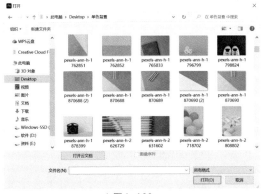

图 1–100

小提示

在打开文件时如果找不到需要的文件，可能有以下两个原因。

第 1 个：Photoshop 不支持这个文件格式。

第 2 个："文件类型"设置不正确。例如设置"文件类型"为 JPG 格式，那么在"打开"对话框中就只能显示这种格式的图像文件，这时可以设置"文件类型"为"所有格式"。就可以查看相应的文件了（前提是计算机中存在该文件）。

❷ 用快捷方式打开文件

利用快捷方式打开文件的方法主要有以下 3 种。

第 1 种：先选择一个需要打开的文件，然后将其拖曳到 Photoshop 的快捷图标上，如图 1–101 所示。

第 2 种：先选择一个需要打开的文件，然后单击鼠标右键，最后在弹出的菜单中选择"打开方式>Adobe Photoshop 2024"命令，如图 1–102 所示。

图 1–101　　　　　　图 1–102

第 3 种：如果已经运行了 Photoshop，这时可以直接将需要打开的文件拖曳到 Photoshop 的窗口中，如图 1-103 所示。

图 1-103

1.4.3 编辑文件

文件的编辑包含很多内容，比如对图像素材进行裁剪、移动、修复、替换、复制、调色、合成等。例如，为使如图 1-104 所示的图像构图更加合理，可以对它进行裁剪，加强图像的构图效果。

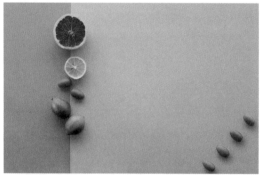

图 1-104

（1）打开如图 1-105 所示的素材文件。

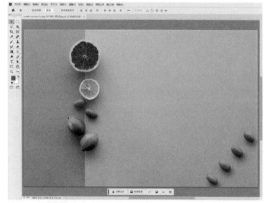

图 1-105

（2）单击"裁剪工具"按钮 🔲，或按快捷键 C，此时在图像四周会显示出裁剪框，如图 1-106 所示。

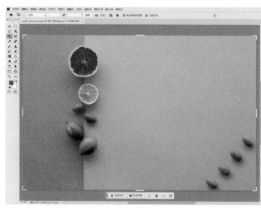

图 1-106

（3）按住左键拖曳调整裁剪框上的定界点，确定裁剪区域，如图 1-107 所示。

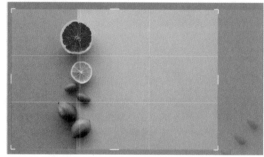

图 1-107

（4）确定裁剪区域后，按 Enter 键（或双击左键），或在选项栏中单击"提交当前裁剪操作"按钮 ✓ 完成裁剪操作，最终效果如图 1-108 所示。

图 1-108

1.4.4 保存文件

对图像进行编辑以后，就需要对文件进行保存。您可以使用 Photoshop 中的"存储"命令，根据您要使用的格式或以后访问文档的方式，来存储您对文档所做的更改。

❶ 用储存命令保存文件

完成对文件的编辑以后，可以执行"文件 > 存储"菜单命令或按快捷键 Ctrl+S 保存文件，如图 1-109 所示。存储时将保留所做的更改，并替换掉上一次保存的文件，同时会按照当前格式进行保存。

❷ 用储存为命令保存文件

如果需要将文件保存到另一个位置或使用另一文件名或另外的格式进行保存，就可以通过执行"文件 > 存储为"菜单命令或快捷键 Shift+Ctrl+S 来完成，如图 1-110 所示。

图 1-109　　　　图 1-110

> **小提示**
>
> 如果是新建的一个文件，那么在执行"文件 > 储存"菜单命令时，Photoshop 会弹出"储存为"对话框。

在使用"存储为"命令另存文件时，Photoshop 会弹出"存储为"对话框，如图 1-111 所示。在该对话框中可以设置另存为的文件名和另存格式等。

图 1-111

❸ 存储副本

如果要将分层文件存储为平面文件，则需要创建一个新版本的文档，这时就可以通过执行"文件 > 存储副本"菜单命令或快捷键 Alt+Ctrl+S 来完成，如图 1-112 所示。此外，如果看不到所需的格式（如

JPEG 或 PNG），对所有格式使用"存储副本"选项，即可存储需要的格式文件。

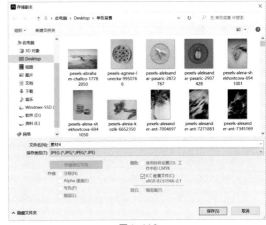

图 1-112

❹ 文件保存格式

文件格式就是储存图像数据的方式，它决定了图像的压缩方法，支持何种 Photoshop 功能，以及文件是否与一些文件相兼容等。利用"储存""储存为""存储副本"命令保存图像时，可以在弹出的对话框中选择图像的保存格式，如图 1-113 所示。

图 1-113

·PSD：PSD 格式是 Photoshop 的默认储存格式，能够保存图层、蒙版、通道、路径、未栅格化的文字和图层样式等。在一般情况下，保存文件都采用这种格式，以便随时进行修改。

> **小提示**
>
> PSD 格式应用非常广泛，可以直接将这种格式的文件置入到 Illustrator、InDesign 和 Premiere 等 Adobe 软件中。

·GIF：GIF 格式是输出图像到网页最常用的格式。GIF 格式采用 LZW 压缩，它支持透明背景和动画，被广泛应用在网络中。

·JPEG：JPEG 格式是平时最常用的一种图像格式。它是一个最有效、最基本的有损压缩格式，被绝大多数的图形处理软件所支持。

> **小提示**
>
> 对于要求进行图像输出打印的图片，最好不要使用 JPEG 格式，因为它是以损坏图像质量为代价而提高压缩质量的，通常使用 PSD 和 TIFF 格式图片。

· PNG：PNG 格式是专门为 Web 开发的，它是一种将图像压缩到 Web 上的文件格式。PNG 格式与 GIF 格式不同的是，PNG 格式支持 244 位图像并产生无锯齿状的透明背景。

小提示

由于 PNG 格式可以实现无损压缩，并且背景部分是透明的，因此常用来存储背景透明的素材。

· TIFF：TIFF 格式是一种通用的文件格式，所有的绘画、图像编辑和排版程序都支持该格式，而且几乎所有的桌面扫描仪都可以产生 TIFF 图像。TIFF 格式支持具有 Alpha 通道的 CMYK、RGB、Lab、索引颜色和灰度图像，以及没有 Alpha 通道的位图模式图像。Photoshop 可以在 TIFF 文件中存储图层和通道，但是如果在另外一个应用程序中打开该文件，那么只有拼合图像才是可见的。

小提示

在实际工作中 PSD 格式是最常用的文件格式，它可以保留文件的图层、蒙版和通道等所有内容，在编辑图像之后，应该尽量保存该格式，以便以后可以随时修改。另外，矢量图形软件 Illustrator 和排版软件 InDesign 也支持 PSD 格式的文件，这意味着一个透明背景的文件置入这两个软件之后，背景仍然是透明的。

1.4.5 关闭文件

当编辑完图像以后，需要保存并关闭文件。Photoshop 提供了 4 种关闭文件的方法，如图 1-114 所示。

· 关闭：执行该命令或按快捷键 Ctrl+W，可以关闭当前处于激活状态的文件。使用这种方法关闭文件时，其他文件将不受任何影响。

· 关闭全部：执行该命令或按快捷键 Alt+Ctrl+W，可以关闭所有的文件。

关闭并转到 Bridge：执行该命令，可以关闭当前文件，然后打开 Bridge 软件。

· 退出：执行该命令或者单击 Photoshop 界面右上角的"关闭"按钮 ✕ ，可以关闭所有的文件并退出 Photoshop。

图 1-114

"图像大小"主要用来设置图像的打印尺寸，画布指整个文档的工作区域。

1.5.1 调整图像大小

打开一张图像，执行"图像 > 图像大小"菜单命令或按快捷键 Alt+Ctrl+I，即可打开"图像大小"对话框，如图 1-115 所示。"图像大小"对话框中可更改图像的尺寸。减小文档的"宽度"和"高度"值，就会减少像素数量，此时虽然图像变小，但画面质量仍然不变，如图 1-116 所示；若提高文档的分辨率，则会增加新的像素，此时虽然图像尺寸变大，但画面的质量会下降，如图 1-117 所示。

图 1-115

图 1-116

图 1-117

小提示

修改像素大小后，新文件的大小会出现在对话框的顶部，旧文件大小在括号内显示。

1.5.2 调整画布大小

画布指整个文档的工作区域，如图 1-118 所示。执行"图像 > 画布大小"菜单命令或按快捷键 Alt+Ctrl+C，打开"画布大小"对话框，如图 1-119 所示。在该对话框中可以对画布的宽度、高度、定位和扩展背景颜色进行调整。

图 1-118　　　　　　　　图 1-119

1.5.3 当前画布大小

执行"图像 > 画布大小"菜单命令或按快捷键 Alt+Ctrl+C，可以对画布的宽度、高度、定位和扩展背景颜色进行调整。"当前大小"选项组下显示的是文档的实际大小，以及图像的宽度和高度的实际尺寸，如图 1-120 所示。

当前大小: 32.0M
宽度: 2730 像素
高度: 4096 像素

图 1-120

1.5.4 新建画布大小

"新建大小"是指修改画布尺寸后的大小。当输入的"宽度"和"高度"值大于原始画布尺寸时，会增大画布，如图 1-121 所示；当输入的"宽度"和"高度"值小于原始画布尺寸时，Photoshop 会裁掉超出画布区域的图像，如图 1-122 所示。

图 1-121

图 1-122

小提示

当新画布大小小于当前画布大小时，Photoshop 会对当前画布进行裁切，并且在裁切前会弹出一个警告对话框，如图 1-123 所示，提醒用户是否进行裁切操作，单击"继续"按钮 继续(P) 将进行裁切，单击"取消"按钮 取消 将不裁切。

图 1-123

1.5.5 画布扩展颜色

"画布扩展颜色"指填充新画布的颜色，是只针对背景图层的操作，如果图像的背景是透明的，那么"画布扩展颜色"选项将不可用，新增加的画布也是透明的。如图 1-124 所示，"图层"面板中只有一个"图层 0"，没有"背景"图层，因此图像的背景就是透明的，勾选"相对"选项后，如果将画布的"宽度"扩展到 500 像素，则扩展的区域就是透明的，如图 1-125 所示。

图 1-124

图 1-125

1.5.6 旋转视图

执行"图像 > 图像旋转"菜单命令或按快捷键 Alt+I+G，可以旋转或翻转整个图像，如图 1-126 所示。图 1-127 为原图，图 1-128 和图 1-129 是执行"90 度（顺时针）"命令和"垂直翻转画布"命令后的图像效果。

图 1-126　　　　　　　　图 1-127

图 1-128

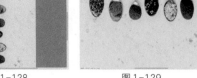

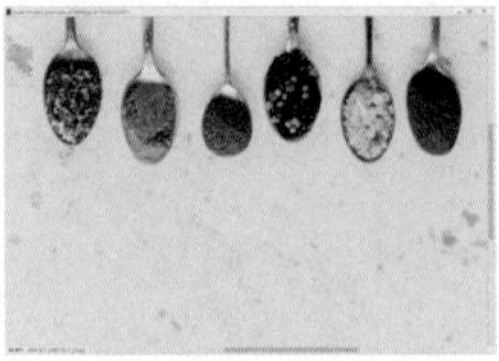

图 1-129

小提示

执行"图像 > 图像旋转 > 任意角度"菜单命令，可以设置任意角度旋转画布。

1.6 使用辅助工具

辅助工具包括标尺、参考线、网格和抓手工具等，借助这些辅助工具可以进行参考、对齐和对位等操作，有助于更快速精确地处理图像。

1.6.1 标尺与参考线

标尺和参考线能精确地定位图像或元素，执行"视图 > 标尺"菜单命令或按快捷键 Ctrl+R，即可在画布中显示出标尺，将光标放置在标尺上，使用左键拖曳即可拖出参考线，如图 1-130 和图 1-131 所示。参考线以浮动的状态显示在图像上方，在输出和打印图像的时候，参考线不会显示出来。

图 1-130

图 1-131

1.6.2 网格

网格主要用来对称排列图像，默认情况下显示为不打印出来的线条，也可以显示为点。执行"视图 > 显示 > 网格"菜单命令或按快捷键 Ctrl+"，即可在画布中显示出网格，如图 1-132 所示。

图 1-132

1.6.3 抓手工具

使用抓手工具可以在文档窗口中以移动的方式查看图像。在"工具箱"中单击"抓手工具"按钮 ，出现"抓手工具" 的选项栏，如图 1-133 所示。

图 1-133

1.7 还原与裁剪图像

用 Photoshop 编辑图像时，常常由于操作错误而导致对效果不满意，这时需要撤销或返回所做的操作，重新编辑图像。

1.7.1 还原

执行"编辑 > 还原"菜单命令或按下 Ctrl+Z 快捷键，可以撤销最近的一次操作，将其还原到上一步操作状态中。如果要连续还原操作的步骤，只需要连续使用"编辑 > 还原"菜单命令，或连续按快捷键 Ctrl+Z 来逐步撤销操作。

1.7.2 后退一步与前进一步

执行"编辑 > 切换最终状态"菜单命令或按下 Alt+Ctrl+Z 快捷键，可以撤销最近的一次操作，将其还原到上一步操作状态中；如果要取消还原的操作，可以连续执行"编辑 > 重做"菜单命令或按下 Shift+Ctrl+Z 快捷键，或连续按快捷键 Shift+Ctrl+Z 来逐步恢复被撤销的操作。

1.7.3 恢复

执行"文件 > 恢复"菜单命令或按 F12 键，可以直接将文件恢复到最后一次保存时的状态，或返回到刚打开文件时的状态。

小提示

"恢复"命令只能针对已有图像的操作进行恢复。如果是新建的文件，"恢复"命令不可用。

1.7.4 历史记录的还原操作

编辑图像时，每进行一次操作，Photoshop 都会将其记录到"历史记录"面板中。也就是说，在"历史记录"面板中可以恢复到某一步的状态，同时也可以再次返回到当前的操作状态。

执行"窗口 > 历史记录"菜单命令，打开"历史记录"面板，如图 1-134 所示。

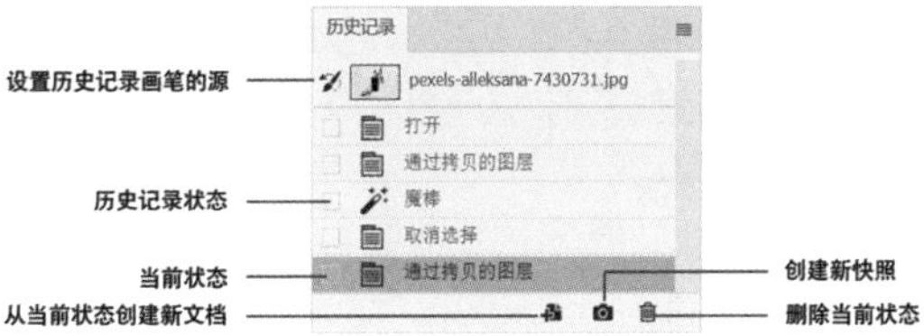

图 1-134

1.7.5 裁剪工具

为了使画面的构图更加完美，经常需要裁剪掉多余的内容或者扩展填充一部分内容。裁剪图像主要使用"裁剪工具" 口.、"裁剪"命令和"裁切"命令来完成。裁剪是指移去部分图像，以突出或加强构图效果的过程。使用"裁剪工具" 口.可以裁剪掉多余的图像，并重新定义画布的大小。

> **小提示**
>
> 选择"裁剪工具" 口.后，在画布中会自动出现一个裁剪框，拖曳裁剪框上的控制点可以选择要保留的部分或旋转图像，按 Enter 键或双击左键即可完成裁剪。此时仍然可以继续对图像进行进一步的裁剪和旋转。按 Enter 键或双击左键后，单击其他工具可以完全退出裁剪操作。

在"工具箱"中选择"裁剪工具" 口.，调出其选项栏，如图 1-135 所示。

图 1-135

❶ 比例

如图 1-136 所示，在该下拉列表中可以选择一个约束选项，按一定比例对图像进行裁剪，如图 1-137 所示的素材按 2:3 比例裁剪后，即可得到如图 1-138 所示的效果。

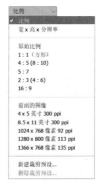

图 1-136

图 1-137　　　　　　　　图 1-138

❷ 拉直图像

单击 按钮，在图像上绘制一条线来确定裁剪区域与裁剪框的旋转角度，如图 1-139 所示的素材，按与口红垂直方向绘制一条线，此时图像如图 1-140 所示，确定后效果如图 1-141 所示。

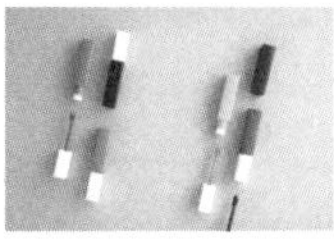

图 1-139 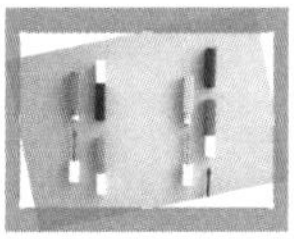　　　　图 1-140 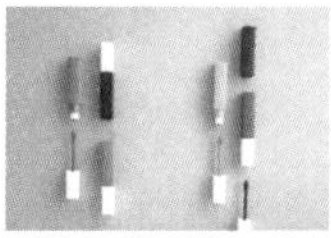　　　　图 1-141

❸ 视图

在该下拉列表中可以选择裁剪参考线的样式及其叠加方式，如图 1-142 所示。裁剪参考线包含"三等分""网格""对角""三角形""黄金比例"和"金色螺线"6 种，叠加方式包含"自动显示叠加""总是显示叠加"和"从不显示叠加"3 个选项，剩下的"循环切换叠加"和"循环切换叠加取向"两个选项用来设置叠加的循环切换方式。图 1-143 为三角形视图。

图 1-142　　　　　　　　　　图 1-143

❹ 设置其他裁切选项

单击"设置其他裁切选项" 按钮，打开设置其他裁剪选项的面板，如图 1-144 所示。

图 1-144

·使用经典模式：裁剪方式将自动切换为以前版本的裁剪方式。

·自动居中预览：在裁剪图像时，裁剪预览效果会始终显示在画布的中央。

・显示裁剪区域：在裁剪图像的过程中，会显示被裁剪的区域。

・启用裁剪屏蔽：在裁剪图像的过程中查看被裁剪的区域。

・不透明度：设置在裁剪过程中或完成后被裁剪区域的不透明度，如图1-145和图1-146所示是设置"不透明度"为25%和85%时的裁剪屏蔽（被裁剪区域）效果。

图1-145　　　　　　　　图1-146

❺ 删除裁剪的像素

如果勾选该选项，在裁剪结束时将删除被裁剪的图像；如果关闭该选项，则将被裁剪的图像隐藏在画布之外。

❻ 填充

填充包含如图1-147所示的"背景（默认）""生成式扩展""内容识别填充"3个选项。

Background (default)
生成式扩展
内容识别填充

图1-147

・背景（默认）：当您使用裁剪工具将画布的范围扩展到图像原始大小之外时，被扩展的区域将以背景色填充。在勾选"背景（默认）"后，拖曳出如图1-148所示的裁剪框，按Enter键确定，得到如图1-149所示的效果（背景色黑色）。

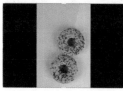 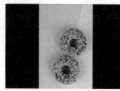

图1-148　　　　　　　　图1-149

・生成式扩展：当您使用裁剪工具将画布的范围扩展到图像原始大小之外时，Photoshop能够利用AI插件Firefly智能生成填充技术智能地填充要扩展的区域。在勾选"生成式扩展"后，拖曳出如图1-150所示的裁剪框，按Enter键确定，Photoshop软件会考虑图像的透视关系、光影、亮度、色彩、边界等因素，将图像毫无违和地进行扩展并根据原有图像进行智能填充。得到如图1-151所示的效果。

图1-150　　　　　　　　图1-151

・内容识别：软件会自动分析周围图像的特点，将图像进行拼接组合后填充在该区域并进行融合，从而达到无缝的拼接效果，它和"生成式扩展"有一定相似之处，但是在细节以及较复杂背景素材中表现没有"生成式扩展"完美。在勾选"内容识别"后，拖曳出如图1-152所示的裁剪框，按Enter键确定，得到如图1-153所示的效果。

图1-152　　　　　　　　图1-153

1.7.6 透视裁剪图像

"透视裁剪工具" 会将图像中的某个区域裁剪下来作为纹理或仅校正某个偏斜的区域，图1-154是该工具的选项栏，此工具可以通过绘制出正确的透视形状传达哪里是要被校正的图像区域。

图1-154

"透视裁剪工具" 非常适合裁剪具有透视关系的图像。有如图1-155所示的素材，先选择"透视裁剪工具"，然后在图像上拖曳出一个裁剪框，并仔细调节裁剪框上的4个定界点，调整裁剪框让图像处于正确的透视效果，如图1-156所示。最后按Enter键确认，此时Photoshop会自动校正透视效果，使其成为平面图，最终效果如图1-157所示。

图1-155　　　　图1-156　　　　图1-157

1.8 图像的变换

移动、旋转、缩放、扭曲和斜切等是处理图像的基本方法。其中移动、旋转和缩放称为变换操作，而扭曲和斜切称为变形操作。通过执行"编辑"菜单下的"自由变换"和"变换"命令，可以改变图像的形状。

1.8.1 移动工具

"移动工具" ⊕.可以在文档中移动图层、选区中的图像，也可以将其他文档中的图像拖曳到当前文档，图1-158是该工具的选项栏。

图1-158

·自动选择：对于具有多个图层或多个组的图像，勾选"自动选择"后，在图像窗口单击鼠标左键，软件会自动选中单击位置所在的图层或组。

·显示变换控件：勾选"显示变换控件"，被选择图层的四周将出现控制点，利用该命令可以灵活地调整被选择图层的大小和方向。

·对齐图层：当同时选择了两个或两个以上的图层时，单击相应的按钮可以将所选图层对齐。对齐方式包括"顶对齐" ▜、"垂直居中对齐" ⬌、"底对齐" ⬛、"左对齐" 、"水平居中对齐" ⬍ 和"右对齐" ⬜。

·分布图层：如果选择了3个或3个以上的图层，单击相应的按钮可以将所选图层按一定规则进行均匀分布排列。分布方式包括"按顶分布" ⬛、"垂直居中分布" ⬍、"按底分布" ⬛、"按左分布" ⬜、"水平居中分布"和"按右分布" ⬜。

❶ 在同一个文档中移动图像

在"图层"面板中选择要移动的对象所在的图层，如图1-159所示，选择"移动工具" ⊕.，在画布中拖曳即可移动选中的对象，如图1-160所示。

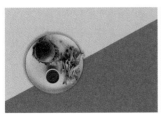

图1-159

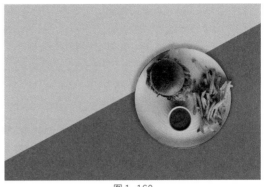

图1-160

❷ 在不同的文档间移动图像

打开两个或两个以上的文档，将鼠标指针放置在画布中，使用"移动工具"将选定的"树木"图像拖曳到另外一个文档的标题栏上，如图1-161所示。此时窗口自动切换到另一个文档，如图1-162所示，停留片刻后将图像移动到画面中，松开鼠标即可将图像拖曳到文档中，同时软件会生成一个如图1-163所示的新图层。

图1-161

图1-162

图1-163

小提示

如果按住Shift键将一个图像拖曳到另外一个文档中，那么将保持这个图像在源文档中的位置自由变换。

1.8.2 自由变换

"自由变换"命令可用于在一个连续的操作中应用变换（旋转、缩放、斜切、扭曲和透视），也可以应用变形变换，同时不必选取其他命令，只需在键盘上按住相关按键，即可在变换类型之间进行切换。有如图 1-164 所示的包含两个图层的素材，在图层面板中选择图层 1 后，执行"编辑 > 自由变换"命令，就可以拖动图层 1 周围如图 1-165 所示的控制点，对图层 1 进行各种变换，效果如图 1-166 所示。

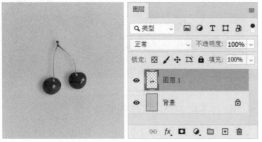

图 1-164

图 1-165

图 1-166

1.8.3 变换

在"编辑 > 变换"菜单下提供了各种变换命令，如图 1-167 所示。用这些命令可以对图层、路径、矢量图形，以及选区中的图像进行变换操作。另外，还可以对矢量蒙版和 Alpha 应用变换。

图 1-167

❶ 缩放

执行"编辑 > 变换 > 缩放"菜单命令可以对图像进行缩放。图 1-168 为原图，不按任何快捷键，可以等比例缩放图像，如图 1-169 所示；如果按住 Shift 键，可以任意缩放图像，如图 1-170 所示；如果按住 Alt 键，可以以中心点为基准点等比例缩放图像，如图 1-171 所示。

图 1-168

图 1-169

图 1-170

图 1-171

❷ 旋转

执行"编辑 > 变换 > 旋转"菜单命令可以围绕中心点转动变换对象。图 1-172 为原图，如果不按住任何快捷键，可以任意角度旋转图像，如图 1-173 所示；如果按住 Shift 键，可以以 15° 为单位旋转图像，如图 1-174 所示。

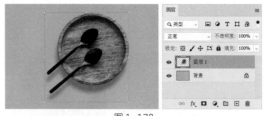

图 1-172

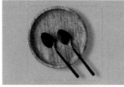

图 1-173

图 1-174

❸ 斜切

执行"编辑 > 变换 > 斜切"菜单命令可以在任意方向上倾斜图像。图 1-175 为原图,如果不按住任何快捷键,可以在任意方向上倾斜图像,如图 1-176 所示;如果按住 Shift 键,可以在垂直或水平方向上倾斜图像;如果按住 Alt 键,可以围绕图像中心点倾斜图像。

图 1-175　　　　　　　　　　　图 1-176

❹ 扭曲

执行"编辑 > 变换 > 扭曲"菜单命令可以在各个方向上伸展变换对象。图 1-177 为原图,如果不按住任何快捷键,可以在任意方向上扭曲图像,如图 1-178 所示;如果按住 Shift 键,可以在垂直或水平方向上扭曲图像;如果按住 Alt 键,可以围绕图像中心点扭曲图像。

图 1-177　　　　　　　　　　　图 1-178

❺ 透视

执行"编辑 > 变换 > 透视"菜单命令可以对变换对象应用单点透视。拖曳定界框 4 个角上的控制点,可以在水平或垂直方向上对图像应用透视,如图 1-179 和图 1-180 所示。

图 1-179　　　　　　　　　　　图 1-180

❻ 变形

执行"编辑 > 变换 > 变形"菜单命令可以对图像的局部内容进行扭曲。图 1-181 为原图,执行该命令时,图像上将会出现变形网格和锚点,拖曳锚点或调整锚点的方向线可以对图像进行更加自由和灵活的变形处理,如图 1-182 所示。

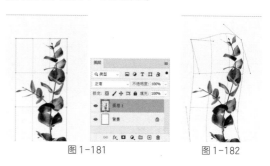

图 1-181　　　　　　　　　　　图 1-182

❼ 水平 / 垂直翻转

执行"编辑 > 变换 > 水平翻转"菜单命令可以将图像在水平方向上进行翻转,图 1-183 为原图,使用"水平翻转"命令后效果如图 1-184 所示;执行"垂直翻转"命令可以将图像在垂直方向上进行翻转,图 1-185 是执行"垂直翻转"命令后的效果。

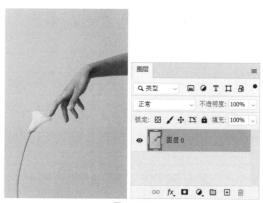

图 1-183

图 1-184　　　　　　　　　　　图 1-185

1.8.4 内容识别比例变换

执行"编辑 > 内容识别比例"菜单命令或按下Alt+Shift+Ctrl+C 快捷键，可以在不更改重要可视内容（如人物、建筑和动物等）的情况下缩放图像大小。常规缩放在调整图像大小时会统一影响所有像素，而"内容识别比例"命令主要影响没有重要可视内容区域中的像素，图 1-186 为原图，图 1-187 和图1-188 分别是常规缩放和内容识别比例缩放的效果。

图 1-186

图 1-187

图 1-188

1.9 案例练习

1.9.1 课堂案例：将图像移动到新的背景中并完成变换

实例位置	实例文件 >CH01> 将图像移动到新的背景中并完成变换 .psd
素材位置	素材文件 >CH01> 素材 01.jpg、素材 02.jpg
视频位置	多媒体教学 >CH01> 将图像移动到新的背景中并完成变换 .mp4
技术掌握	掌握移动工具和变换命令的用法

本案例讲解如何利用移动工具和变换命令将图像移动到新的背景中并完成变换，最终效果如图 1-189所示。

图 1-189

（1）打开 Photoshop 软件，执行"文件 > 打开"菜单命令，在弹出的对话框中选择"素材文件>CH01> 素材 01.jpg"文件，效果如图 1-190 所示。用同样的方式打开素材 02.jpg，效果如图 1-191所示。

图 1-190   图 1-191

（2）选择"移动工具"，将素材 02.jpg 图像拖曳到素材 01.jpg 标题栏上，如图 1-192 所示。此时窗口自动切换到素材 01.jpg 图像，停留片刻后将鼠标移动到素材 01.jpg 画面中，松开鼠标即可将素材02.jpg 拖曳到素材 01.jpg 图像中，如图 1-193 所示，同时"图层"面板软件会生成一个新的图层 1。

图 1-192

图 1-193

（3）执行"编辑 > 变换 > 扭曲"菜单命令，"图层 1"四周会出现 8 个控制点，如图 1-194 所示。

（4）使用鼠标拖曳右下角的控制点，使素材 02.jpg 图像右下角与下方背景上纸张的右下角相重合，如图 1-195 所示。

图 1-194

图 1-195

（5）使用同样的方式，使剩下的 3 个角也与下方背景上纸张的 3 个角相重合（可以放大图像进行操作），如图 1-196 所示。

（6）在键盘上按下"Enter"键即可得到如图 1-197 所示的"扭曲"效果。

图 1-196　　　　　　　　图 1-197

1.9.2　课后案例：利用裁剪工具对图像进行智能扩展

实例位置	实例文件 >CH01> 利用裁剪工具对图像进行智能扩展 .psd
素材位置	素材文件 >CH01> 素材 03.jpg
视频位置	多媒体教学 >CH01> 利用裁剪工具对图像进行智能扩展 .mp4
技术掌握	掌握裁剪工具和 AI 插件 Firefly 智能生成填充的用法

本案例讲解如何利用裁剪工具和 AI 插件 Firefly 智能生成填充对图像进行智能扩展，最终效果如图 1-198 所示。

图 1-198

（1）打开 Photoshop 软件，执行"文件 > 打开"菜单命令，在弹出的对话框中选择"素材文件 CH01> 素材 03.jpg"文件，效果如图 1-199 所示。

图 1-199

（2）选择"裁剪工具"，在图 1-200"裁剪工具"的属性栏"填充"选项中选择"生成式扩展"。

图 1-200

（3）对素材四周进行拖动得到如图 1-201 所示的效果。

图 1-201

（4）在键盘上按下"Enter"键，图像窗口就会出现如图 1-202 所示的进度条。

图 1-202

（5）等进度条的完成度为 100% 后，即可得到如图 1-203 所示的效果，到这里就完成了对图像的扩展填充。

图 1-203

（6）需要注意的是，Photoshop 软件每次扩展填充都会生成 3 张效果图，效果图可以在如图 1-204 所示的"属性面板"中直接选择并查看。图 1-205、图 1-206 和图 1-207 是选择相应缩略图后得到的效果。

图 1-204

图 1-205

图 1-206

图 1-207

第 2 章

AI 插件 Firefly 智能生成填充

AI 插件 Firefly 智能生成填充是非常强大的一个插件，它可以参照原有图像的透视关系、光影、亮度、色彩、边界等因素，毫无违和地对图像进行扩展和填充；也可以对图像中不需要的部分进行智能擦除，不用再使用复杂的方法、鸡肋的工具替换素材中不需要的对象；还可以按文字提示生成所需图像，例如将图像素材中的某个主体对象或者背景进行智能生成替换，或者在图像的某块区域直接生成所需对象等。

另外，每次使用智能生成填充会生成 3 张效果图供挑选，如果对生成的效果图不满意，可以继续无限制进行生成，直到满意为止，而且通过 AI 插件智能扩展填充的图像，Photoshop 软件会在"图层面板"生成一个带有图层蒙版的单独图层，针对这个图层，在后期详细学习了图层和蒙版的知识后，用户可以随时对这个图层进行无损的、可逆的编辑。

2.1 上下文任务栏

上下文任务栏是一个新增加的永久菜单，显示工作流程中最相关的后续步骤。只要在 Photoshop 软件中打开图像素材，上下文任务栏就会显示在画布上，如图 2-1 所示，同时，它会提供如图 2-2 所示"选择主体""移除背景""转换图像""创建新的调整图层"等命令选项。

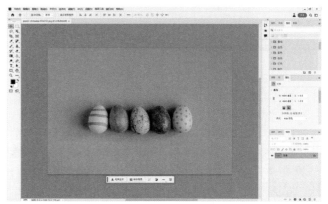

图 2-1

图 2-2

上下文任务栏所提供的命令选项不是固定的。例如，当创建了一个选区后，上下文任务栏会根据潜在的下一步骤提供如图 2-3 所示更多命令选项，如创成式填充、修改选区、反相选区、变换选区、从选区创建蒙版、创建新的调整图层、填充选区或取消选区等命令选项。

图 2-3

小提示

如果上下文工具栏在图像窗口不显示，可以在菜单栏执行"窗口>上下文任务栏"菜单命令，如图 2-4 所示，等"上下文任务栏"前方有个"√"的时候，它就会出现在图像窗口中。

图 2-4

2.2 扩展填充

AI 插件智能生成填充第一个功能就是"扩展填充",它会考虑图像的透视关系、光影、亮度、色彩、边界等因素,毫无违和地对图像进行扩展和填充。

"扩展填充"功能一般要和裁剪工具、矩形选框工具、套索工具、魔棒工具、对象选择工具、快速选择工具等一系列工具配合使用。

2.2.1 简单背景图像扩展填充

举例:有如图 2-5 所示的素材,要对它两边进行扩展,让竖版的图像变成横版图像。

操作步骤:

(1)打开 Photoshop 软件,执行"文件 > 打开"菜单命令,在弹出的对话框中选择"素材文件 >CH02> 素材 01"文件,效果如图 2-6 所示。

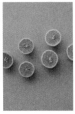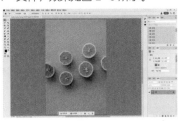

图 2-5   图 2-6

(2)选择"裁剪工具",对素材左右两侧进行拖曳得到如图 2-7 所示的效果,按 Enter 键即可得到如图 2-8 所示的效果。

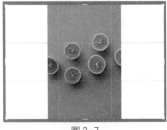

图 2-7   图 2-8

(3)选择"矩形选框工具",在素材扩展出来的部分上按住鼠标左键并拖曳,创建如图 2-9 所示的选区。如图 2-10 所示,创建的选区要带有一部分原始素材的区域,便于软件更准确地分析图像进行扩展填充。

图 2-9   图 2-10

(4)在上下文任务栏中,单击"创成式填充"命令选项,上下文任务栏就会变成如图 2-11 所示的命令选项。

图 2-11

(5)在上下文任务栏中,不输入任何文字,直接单击"生成"选项,图像窗口就会出现如图 2-12 所示的进度条。

图 2-12

(6)等进度条的完成度为 100% 后,即可得到如图 2-13 所示的效果,到这里就完成了对图像的扩展填充。可以观察到 AI 插件智能填充扩展的图像,在图像透视关系、光影、亮度、色彩、边界的过渡等方面都处理得非常自然。

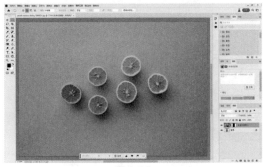

图 2-13

(7)需要注意的是,Photoshop 软件每次扩展填充都会生成 3 张效果图,剩余效果图可以直接在上下文任务栏中单击如图 2-14 所示的"上一个变体"或"下一个变体"命令选项中查看。

图 2-14

(8)也可以在如图 2-15 所示"属性面板"中直接选择缩略图查看。图 2-16 和图 2-17 是选择相应缩略图后得到的效果。

图 2-15

图 2-16

图 2-17

图 2-22

图 2-18

小提示

如果对扩展填充生成的效果图不满意,那么可以继续单击"生成"选项,Photoshop 软件会继续完成一次扩展填充,如图 2-18 所示,再次生成 3 张效果图。如果还不满意可以继续单击"生成"选项,直到满意为止。

2.2.2 复杂背景图像扩展填充

举例:上个案例处理了背景比较简单的图像的扩展,现有如图 2-19 所示的背景比较复杂的一个图像素材,要对它的四周都进行扩展,让图像画幅变大。

操作步骤:

(1)打开 Photoshop 软件,执行"文件 > 打开"菜单命令,在弹出的对话框中选择"素材文件 >CH02> 素材 02"文件,效果如图 2-20 所示。

图 2-19　　　　　图 2-20

(2)选择"裁剪工具",对素材上下左右四周进行拖曳得到如图 2-21 所示的效果,按 Enter 键即可得到如图 2-22 所示的效果。

图 2-21

(3)选择"矩形选框工具",先在素材上按住鼠标左键并拖曳,创建如图 2-23 所示的选区,接着执行"选择 > 反选"菜单命令(或者在上下文任务栏中直接单击"反相选区"选项),即可如图 2-24 所示为素材扩展出来的部分创建选区。注意创建的选区要带有一部分原本素材的区域,便于软件更准确地分析图像进行扩展填充。

图 2-23

图 2-24

(4)在上下文任务栏中,单击"创成式填充"命令选项后,在上下文任务栏中单击"生成"选项,图像窗口就会出现如图 2-25 所示的进度条。

图 2-25

（5）等渐变条的完成度为 100% 后，即可得到如图 2-26 所示的扩展后的效果。

（6）在"属性面板"中，还可以选择图 2-27 和图 2-28 两张效果图进行查看，根据自己的喜好选择其中最满意的一张保存，或者继续进行扩展填充，直到满意为止。针对本素材，可以观察到 AI 插件智能填充扩展，在边界位置对树木进行了补齐，对草地进行了延伸，根据透视关系创建了远山（图 2-28），并且扩展部分的光影、亮度、色彩都非常自然，为后期对图像进行下一步操作，创建了无限可能。

图 2-26

图 2-27

图 2-28

小提示

如图 2-29 所示，被扩展的图像部分，放大图像会发现，它的分辨率和像素明显没有原图高。

图 2-29

2.3 智能擦除

AI 插件智能生成填充第 2 个功能是"智能擦除"，它会考虑原图像的透视关系、光影、亮度、色彩、边界等因素，对图像中不需要的部分进行智能擦除。通过 Photoshop 软件智能擦除的图像，会在"图层面板"生成一个带有图层蒙版的可编辑的单独图层。

另外"智能擦除"功能一般要和可以创建选区的选框工具、套索工具、魔棒工具、对象选择工具、快速选择工具等配合使用。

2.3.1 简单图像的智能擦除

举例：有如图 2-30 所示的素材，要求对图像素材中的人像进行智能擦除。

操作步骤：

（1）打开 Photoshop 软件，执行"文件 > 打开"菜单命令，在弹出的对话框中选择"素材文件 >CH02> 素材 03"文件，效果如图 2-31 所示。

图 2-30　　　　　　图 2-31

（2）选择"套索工具"，在素材上按住鼠标左键绕着人像拖曳一圈，创建如图 2-32 所示的选区，因为水中有人的倒影，所以将倒影一同框选起来。

图 2-32

（3）在上下文任务栏中，单击"创成式填充"命令选项，上下文任务栏就会变成如图 2-33 所示的命令选项。

图 2-33

（4）在上下文任务栏中，不输入任何文字，直接单击"生成"选项，图像窗口就会出现如图 2-34 所示的进度条。

图 2-34

（5）等进度条的完成度为 100% 后，即可得到如图 2-35 所示的效果，到这里就完成了对图像的智能擦除。针对本素材，可以观察到利用 AI 插件智能擦除功能，擦除了人像及倒影，并对水面的波纹、水草进行了补齐，擦除部分的光影、亮度、色彩都和原图进行了匹配，效果非常自然。

图 2-35

（6）在"属性面板"中，还可以选择图 2-36 和图 2-37 两张效果图进行查看。如果还不满意，可以继续单击"生成"选项，直到满意为止。

图 2-36 　　　　　　　　图 2-37

2.3.2 复杂图像的智能擦除

举例：有如图 2-38 所示的图像素材，要求对素材中间的一只狗进行智能擦除。这个素材背景相对比较复杂，因为要擦除的狗挡住了后面两只狗身体的一部分。

图 2-38

操作步骤：

（1）打开 Photoshop 软件，执行"文件 > 打开"菜单命令，在弹出的对话框中选择"素材文件 >CH02> 素材 04"文件，效果如图 2-39 所示。

图 2-39

（2）选择"套索工具"，在素材上按住鼠标左键绕着中间的狗拖曳一圈，创建如图 2-40 所示的选区。

图 2-40

（3）在上下文任务栏中，单击"创成式填充"命令选项后，不输入任何文字，直接单击"生成"选项，图像窗口就会出现如图 2-41 所示的进度条。

图 2-41

（4）等进度条的完成度为 100% 后，即可得到如图 2-42 所示的效果，到这里就完成了对图像的智能擦除。针对本素材，可以观察到利用 AI 插件智能擦除功能，擦除了中间的一只狗，并对其右边的狗补全了身体缺失的部分，但是其左边的狗补全部分效果不太理想。

图 2-42

（5）在"属性面板"中，选择图2-43和图2-44两张效果图进行查看，图2-43中左右两只狗身体缺失部分修补效果都可以，所以可以选择它作为保存素材。当然，如果对3张效果图都不满意，还可以继续单击"生成"选项，直到智能擦除效果满意为止。

图2-43　　　　　　　图2-44

2.4 图像生成

AI插件智能生成填充另一个功能就是"图像生成"，也叫"文生图"，软件会按照您输入的文字生成所需图像，它会考虑图像的透视关系、光影、亮度、色彩等因素，在原图像素材上毫无违和地进行图像生成。通过Photoshop软件智能图像生成的图像素材，会在"图层面板"中生成一个带有图层蒙版的可编辑的单独图层。

另外"图像生成"功能一般要和可以创建选区的选框工具、套索工具、魔棒工具、对象选择工具、快速选择工具等配合使用。

2.4.1 简单图像生成

举例：有如图2-45所示的素材，要求在它的天空中生成一朵白云，沙漠上生成一只骆驼。

操作步骤：

（1）打开Photoshop软件，执行"文件>打开"菜单命令，在弹出的对话框中选择"素材文件>CH02>素材05"文件，效果如图2-46所示。

图2-45　　　　　　　图2-46

（2）按快捷键Ctrl＋＋放大图像后，选择"矩形选框工具"，在素材上按住鼠标左键并拖曳，创建如图2-47所示的选区。

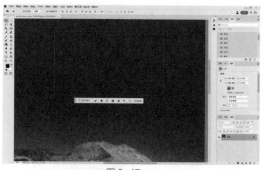

图2-47

（3）在上下文任务栏中，单击如图2-48所示的"创成式填充"命令选项，上下文任务栏就会变成如图2-49所示的命令选项。

图2-48

图2-49

（4）在上下文任务栏中，输入如图2-50所示的"一朵云"或者一朵云的英文"a cloud"。

| a cloud | | 生成 | ⋯ | 后退 |

图2-50

> **小提示**
>
> 中英文都可以进行图像生成，但是相对于中文来说，英文生成会更准确，所以以英文举例。

（5）在上下文任务栏中直接单击"生成"选项，图像窗口就会出现如图2-51所示的进度条。

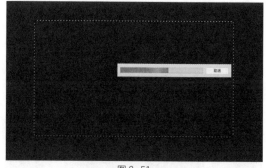

图2-51

（6）等进度条的完成度为100%后，通过"属性面板"在3张效果缩略图中选择如图2-52所示的比较自然的一张。

图 2-52

小提示

　　创建选区的形状和大小会影响生成图像的形状和大小。例如针对刚才的素材，首先利用套索工具创建如图 2-53 所示的选区，然后通过上下文任务栏输入"一朵云"的英文"a cloud"，最后单击"生成"选项，即可得到如图 2-54 所示形状和大小的云朵。

图 2-53　　　　　　　　图 2-54

　　同一个选区，每次生成的图像也不会完全相同。例如针对刚才的素材，首先创建如图 2-55 所示的完全一样的选区，然后通过上下文任务栏输入"一朵云"的英文"a cloud"，最后单击"生成"选项，即可得到如图 2-56 所示的云朵，您会发现这次产生的云朵和上一次产生的云朵并不相同。

图 2-55　　　　　　　　图 2-56

　　（7）选择"套索工具"，在素材上按住鼠标左键拖曳一圈，创建如图 2-57 所示的选区。

图 2-57

　　（8）在上下文任务栏中，单击"创成式填充"命令选项，并如图 2-58 所示输入"一只骆驼"的英文"a camel"。

图 2-58

　　（9）在上下文任务栏中直接单击"生成"选项，图像窗口就会出现如图 2-59 所示的进度条。

　　（10）等进度条的完成度为 100% 后，通过"属性面板"在 3 张效果缩略图中选择如图 2-60 所示的比较自然的一张。

图 2-59　　　　　　　　图 2-60

　　（11）如图 2-61 所示，到这里就完成了对素材的图像生成。针对本素材，可以观察到 AI 插件图像生成功能，生成了所需的云朵和骆驼，并根据图像光影结构对骆驼进行了影子处理，这使得生成图像的边界、光影、亮度、色彩非常自然。

图 2-61

2.4.2 复杂图像生成

　　举例：上个案例处理了比较简单的图像生成，现有如图 2-62 所示的一个图像素材，要求在它的画面中进行各种较复杂图像的生成。

图 2-62

操作步骤：

（1）打开 Photoshop 软件，执行"文件 > 打开"菜单命令，在弹出的对话框中选择"素材文件 >CH02> 素材 06"文件，效果如图 2-63 所示。

图 2-63

（2）首先生成一座"小木屋"，选择"套索工具"，在素材上按住鼠标左键拖曳一圈，创建如图 2-64 所示的选区。

图 2-64

（3）在上下文任务栏中，单击"创成式填充"命令选项，并如图 2-65 所示输入"木屋"的英文"the cabin"，在上下文任务栏中直接单击"生成"选项。

图 2-65

（4）等生成的进度条的完成度为 100% 后，即可得到如图 2-66 所示的效果。

（5）通过"属性面板"，在 3 张效果缩略图中选择如图 2-67 所示的比较自然的一张。

图 2-66

图 2-67

（6）接着生成一座"城堡"，选择"套索工具"，在素材上按住鼠标左键拖曳一圈，创建如图 2-68 所示的选区。

（7）在上下文任务栏中，单击"创成式填充"命令选项，并输入"城堡"的英文"a castle"，在上下文任务栏中直接单击"生成"选项，等生成的进度条的完成度为 100% 后，即可得到如图 2-69 所示的效果。

图 2-68　　　　　　　图 2-69

（8）通过"属性面板"，在 3 张效果缩略图中选择如图 2-70 所示的比较自然的一张。

图 2-70

（9）还可以通过"套索工具"创建如图 2-71 所示的选区，在上下文任务栏中单击"创成式填充"命令选项，并输入"一群羊"的英文"a flock of sheep"，单击"生成"选项即可得到如图 2-72 所示的效果。

图 2-71

图 2-72

（10）还可以通过"套索工具"创建如图 2-73 所示的选区，在上下文任务栏中单击"创成式填充"命令选项，并输入"一片湖泊"的英文"a lake"，单击"生成"选项即可得到如图 2-74 所示的效果。

图 2-73

图 2-74

（11）还可以通过"套索工具"创建如图2-75所示的选区，在上下文任务栏中单击"创成式填充"命令选项，并输入"一架旧飞机"的英文"an old plane"，单击"生成"选项即可得到如图2-76所示的效果。

图 2-75

图 2-76

（12）还可以通过"套索工具"创建如图2-77所示的选区，在上下文任务栏中单击"创成式填充"命令选项，并输入"一条河"的英文"a river"，单击"生成"选项即可得到如图2-78所示的效果。

图 2-77

图 2-78

通过上面的案例，可以看到 AI 插件智能生成填充的"图像生成"功能非常强大，尤其他会智能地处理图像的透视关系、光影、亮度、色彩等因素，可以看到上面的例子中，小木屋、城堡、羊群、湖泊、旧飞机、河流都能非常融洽地和背景融合在一起。

2.4.3 "从无到有"图像的生成

举例：上述两个案例都是在原素材上进行局部"图像生成"，而"图像生成"功能还可以"从无到有"地生成所需图像。例如要求生成一个具有湖泊、绿色山峰、蓝天和白云等元素，宽高比例为 3 : 2 的图像素材。

操作步骤：

（1）打开 Photoshop 软件，执行"文件 > 新建"菜单命令，在弹出的对话框设置如图 2-79 所示的参数，单击创建按钮即可得到如图 2-80 所示的效果。

图 2-79

图 2-80

（2）按快捷键 Ctrl+A 全选图像，也就是给图像创建如图 2-81 所示的选区。

图 2-81

（3）在上下文任务栏中，单击"创成式填充"命令选项，并输入如图 2-82 所示"近处是湖泊，远处是翠绿的山峰，上面有蓝天和白云"等文字，在上下文任务栏中直接单击"生成"选项。

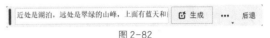
图 2-82

（4）等生成的进度条的完成度为 100% 后，即可得到如图 2-83 所示的效果。

图 2-83

（5）通过"属性面板"，可以在 3 张效果缩略图中选择效果比较自然的图像，如果对效果不满意，可以继续单击"生成"选项，直到满意为止。由图 2-84 到图 2-90 都是"从无到有"生成的图像。

图 2-84

图 2-85

图 2-86

图 2-87

图 2-88   图 2-89

图 2-90

 **操作步骤：**

（1）打开 Photoshop 软件，执行"文件 > 打开"菜单命令，在弹出的对话框中选择"素材文件 >CH02> 素材 07"文件，效果如图 2-92 所示。

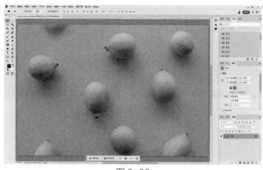

图 2-92

（2）选择"套索工具"，在素材上按住鼠标左键拖曳一圈，创建如图 2-93 所示的选区。

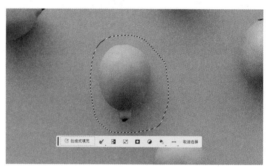

图 2-93

2.5 替换对象

　　AI 插件智能生成填充另一个功能就是"替换对象"，它是将图像素材中的某个对象进行智能替换，也可以将它理解成特殊的"图像生成"。例如，将图像素材中的帽子替换成花环、将人像短发替换成长发、将模特毛衣替换成衬衫、将天空替换成高山等。在替换过程中，Photoshop 软件会根据"替换对象"所处图像的透视关系、光影、亮度、色彩、边界等因素，自然地对"替换对象"进行替换。

　　另外"替换对象"功能一般要和可以创建选区的选框工具、套索工具、魔棒工具、对象选择工具、快速选择工具等配合使用。

2.5.1 简单素材替换对象

　　举例：有如图 2-91 所示的素材，要求将素材中间的一个柠檬替换成苹果。

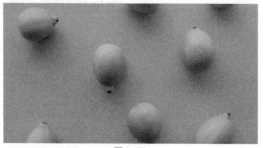

图 2-91

（3）在上下文任务栏中，单击"创成式填充"命令选项，并如图 2-94 所示输入"一个苹果"的英文"an apple"，在上下文任务栏中直接单击"生成"选项。

图 2-94

（4）等生成的进度条的完成度为 100% 后，即可得到如图 2-95 所示的效果。

图 2-95

（5）通过"属性面板"，在3张效果缩略图中选择如图2-96所示的比较自然的一张，或者继续替换对象，直到满意为止。

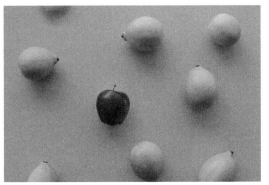

图2-96

2.5.2 复杂素材替换对象

举例：上个案例处理了背景比较简单的素材替换对象，现有如图2-97所示的背景复杂的图像素材，要求将手掌上方的花朵替换成一只小猫。

操作步骤：

（1）打开Photoshop软件，执行"文件＞打开"菜单命令，在弹出的对话框中选择"素材文件＞CH02＞素材08"文件，效果如图2-98所示。

图2-97　　　　　　　图2-98

（2）选择"套索工具"，在手掌素材上按住鼠标左键拖曳一圈，创建如图2-99所示的选区，因为这个素材涉及人像手掌这样的精细部位，所以创建选区时需要特别细心。在您详细学习了后面"选区"章节，就可以使用更多、更简洁的方式来创建准确的选区。

图2-99

（3）在上下文任务栏中，单击"创成式填充"命令选项，并如图2-100所示输入"一只猫"的英文"a cat"，在上下文任务栏中直接单击"生成"选项。

图2-100

（4）等生成的进度条的完成度为100%后，即可得到如图2-101所示的效果。

图2-101

（5）通过"属性面板"，在3张效果缩略图中选择如图2-102所示的比较自然的一张，或者继续替换对象，直到满意为止。

图2-102

2.6 替换背景

AI 插件智能生成填充的另一个功能就是"替换背景",它是将图像素材中的背景进行智能替换,也可以将它理解成特殊的"图像生成"。在替换过程中,Photoshop 软件会根据"替换对象"所处图像的透视关系、光影、亮度、色彩、边界等因素,自然地对"替换对象"进行替换。

另外"替换背景"功能一般要和可以创建选区的选框工具、套索工具、魔棒工具、对象选择工具、快速选择工具等配合使用。

2.6.1 简单素材替换背景

举例:有如图 2-103 所示的素材,要求对它的天空背景进行替换,用新的蓝天白云来替换现在的背景。

图 2-103

操作步骤:

(1)打开 Photoshop 软件,执行"文件 > 打开"菜单命令,在弹出的对话框中选择"素材文件 >CH02> 素材 09"文件,效果如图 2-104 所示。

图 2-104

(2)选择"对象选择工具",将鼠标放置在天空背景上,软件会智能地用颜色块来提示即将创建选区的区域,单击鼠标即可得到如图 2-105 所示的选区。

图 2-105

(3)在上下文任务栏中,单击"创成式填充"命令选项,并如图 2-106 所示输入"蓝天白云"的英文"blue sky and white clouds",在上下文任务栏中直接单击"生成"选项。

图 2-106

(4)等生成的进度条的完成度为 100% 后,即可得到如图 2-107 所示的效果。

图 2-107

(5)通过"属性面板",在 3 张效果缩略图中选择如图 2-108 所示的比较自然的一张,或者继续替换背景,直到满意为止。

图 2-108

2.6.2 复杂素材替换背景

　　举例：上个案例处理了可以直接为背景创建选区的较简单图像的替换，现有如图 2-109 所示的背景比较复杂的一个图像素材，要求将它的背景换成森林。

图 2-109

操作步骤：

　　（1）打开 Photoshop 软件，执行"文件 > 打开"菜单命令，在弹出的对话框中选择"素材文件 >CH02> 素材 10"文件，效果如图 2-110 所示。

图 2-110

　　（2）选择"对象选择工具"，将鼠标放置在山羊上，软件会智能地用颜色块来提示即将创建选区的区域，单击鼠标即可得到如图 2-111 所示的选区。执行"选择 > 反选"菜单命令（或者在上下文任务栏中直接单击"反相选区"选项），即可为背景素材创建如图 2-112 所示的选区。

图 2-111

图 2-112

　　（3）在上下文任务栏中，单击"创成式填充"命令选项，并如图 2-113 所示输入"森林"的英文"the forest"，在上下文任务栏中直接单击"生成"选项。

图 2-113

　　（4）等生成的进度条的完成度为 100% 后，即可得到如图 2-114 所示的效果。

图 2-114

　　（5）通过"属性面板"，在 3 张效果缩略图中选择如图 2-115 所示的比较自然的一张，或者继续替换背景，直到满意为止。

图 2-115

2.7 智能融合

　　AI 插件智能生成填充另一个功能是将不同素材进行"智能融合"，它可以分析多张图像的透视关系、光影、亮度、色彩、边界等因素，自然地将图像融合起来，这在以后图像的合成中是非常方便快捷的一项功能。

　　通过 Photoshop 软件智能融合的图像素材，会在"图层面板"生成一个带有图层蒙版的可编辑的单独图层。另外"智能融合"功能一般要和可以创建选区的选框工具、套索工具、魔棒工具、对象选择工具、快速选择工具等配合使用。

2.7.1 简单素材智能融合

　　举例：有如图 2-116、图 2-117 所示的两个素材，要求对它们进行融合。

图 2-116　　　　　　　　图 2-117

操作步骤：

　　（1）打开 Photoshop 软件，执行"文件 > 打开"菜单命令，在弹出的对话框中选择"素材文件 >CH02> 素材 11"文件，效果如图 2-118 所示。

图 2-118

　　（2）选择"裁剪工具"，对素材四周进行拖曳得到如图 2-119 所示的效果，按 Enter 键即可得到如图 2-120 所示的效果。

图 2-119

图 2-120

　　（3）执行"文件 > 打开"菜单命令，在弹出的对话框中选择"素材文件 >CH02> 素材 12"文件，并将它拖曳到刚才裁剪的素材之上，效果如图 2-121 所示。

图 2-121

　　（4）执行"编辑 > 自由变换"命令，调整素材的大小及位置，如图 2-122 所示。

图 2-122

（5）选择"矩形选框工具"，在素材上按住鼠标左键并拖曳，创建如图2-123所示的选区，执行"选择 > 反选"菜单命令，如图2-124所示反选选区。注意创建的选区要带有一部分原始素材的区域，便于软件更准确地分析图像进行扩展填充。

图 2-123

图 2-124

（6）在上下文任务栏中，单击"创成式填充"命令选项后，在上下文任务栏中单击"生成"选项，图像窗口就会出现如图2-125所示的进度条。

图 2-125

（7）等进度条的完成度为100%后，即可得到如图2-126所示融合后的效果。

图 2-126

（8）通过"属性面板"，在3张效果缩略图中选择如图2-127所示的比较自然的一张，或者继续单击"生成"选项，直到满意为止。

图 2-127

2.7.2 复杂素材智能融合

举例：上个案例处理了两个色彩比较接近的简单天空素材，现在有如图2-128、图2-129所示比较复杂的两个图像素材，要求对它们进行融合。

图 2-128

图 2-129

操作步骤：

（1）打开 Photoshop 软件，执行"文件 > 打开"菜单命令，在弹出的对话框中选择"素材文件 >CH02> 素材 13"文件，效果如图 2-130 所示。

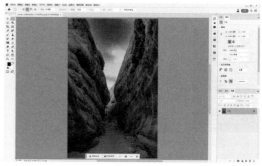

图 2-130

（2）选择"裁剪工具"，对素材四周进行拖曳得到如图 2-131 所示的效果，按 Enter 键即可得到如图 2-132 所示的效果。

图 2-131

图 2-132

（3）执行"文件 > 打开"菜单命令，在弹出的对话框中选择"素材文件 >CH02> 素材 14"文件，并将它拖曳到刚才裁剪的素材之上，效果如图 2-133 所示。

图 2-133

（4）执行"编辑 > 自由变换"命令，调整素材的大小及位置，如图 2-134 所示。

图 2-134

（5）选择"矩形选框工具"，在素材上按住鼠标左键并拖曳，创建如图 2-135 所示的选区，执行"选择 > 反选"菜单命令，如图 2-136 所示反选选区。

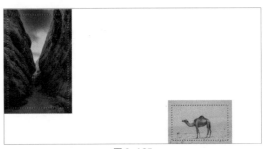

图 2-135

图 2-136

（6）在上下文任务栏中，单击"创成式填充"命令选项后，在上下文任务栏中单击"生成"选项，图像窗口就会出现如图 2-137 所示的进度条。

取消

图 2-137

（7）等进度条的完成度为100%后，即可得到如图2-138所示的融合后的效果。

图2-138

（8）通过"属性面板"，在3张效果缩略图中选择如图2-139所示的比较自然的一张，或者继续单击"生成"选项，直到满意为止。

图2-139

2.8 案例练习

2.8.1 课堂案例：将竖版山水图像扩展成横版

实例位置	实例文件 >CH02> 将竖版山水图像扩展成横版 .psd
素材位置	素材文件 >CH02> 素材 15.jpg
视频位置	多媒体教学 >CH02> 将竖版山水图像扩展成横版 .mp4
技术掌握	AI 插件 Firefly 智能生成填充

本案例是将竖版山水图像扩展成横版，首先需要运用裁剪工具对图像进行裁剪，然后使用矩形选框工具创建选区，最后对创建的选区调整后进行智能扩展填充，最终效果如图2-140所示。

操作步骤：

（1）打开 Photoshop 软件，执行"文件>打开"菜单命令，在弹出的对话框中选择"素材文件>CH02> 素材15"文件，效果如图2-141所示。

图2-140　　　　　　　图2-141

（2）选择"裁剪工具"，对素材四周进行拖曳得到如图2-142所示的效果，按 Enter 键即可得到如图2-143所示的效果。

图2-142

图2-143

（3）选择"矩形选框工具"，在素材上按住鼠标左键并拖曳，创建如图2-144所示的选区，执行"选择>反选"菜单命令，即可为素材扩展出来的部分创建如图2-145所示的选区。

图 2-144    图 2-145

（4）在上下文任务栏中，单击"创成式填充"命令选项后，如图 2-146 所示在上下文任务栏中单击"生成"选项，图像窗口就会出现如图 2-147 所示的进度条。

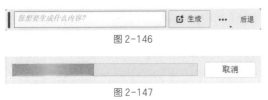

图 2-146

图 2-147

（5）等进度条的完成度为 100% 后，即可得到如图 2-148 所示扩展后的效果。

图 2-148

（6）在"属性面板"中，选择图 2-149 和图 2-150 两张效果图进行查看。用户可以根据自己的喜好选择其中最为满意的一张保存，或者继续进行扩展填充，直到满意为止。

图 2-149

图 2-150

2.8.2 课后案例：对图像进行扩展并生成图像

实例位置	实例文件 >CH02> 对图像进行扩展并生成图像 .psd
素材位置	素材文件 >CH02> 素材 16.jpg
视频位置	多媒体教学 >CH02> 对图像进行扩展并生成图像 .mp4
技术掌握	AI 插件 Firefly 智能生成填充

本案例是将一个很普通的风景素材进行扩展填充，在适当位置创建选区后进行图像生成，最终效果如图 2-151 所示。

操作步骤：

（1）打开 Photoshop 软件，执行"文件 > 打开"菜单命令，在弹出的对话框中选择"素材文件 >CH02> 素材 16"文件，效果如图 2-152 所示。

图 2-151   图 2-152

（2）选择"裁剪工具"，对素材四周进行拖曳得到如图 2-153 所示的效果，按 Enter 键即可得到如图 2-154 所示的效果。

图 2-153

图 2-154

（3）选择"矩形选框工具"，在素材上按住鼠标左键并拖曳，创建如图2-155所示的选区，执行"选择＞反选"菜单命令，即可为素材扩展出来的部分创建如图2-156所示的选区。

图 2-155 　　　　　　　图 2-156

（4）在上下文任务栏中，单击"创成式填充"命令选项后，在如图 2-157 所示的在上下文任务栏中单击"生成"选项，图像窗口就会出现如图2-158所示的进度条。

| 您想要生成什么内容？ | 🔾 生成 | ⋯ | 后退 |

图 2-157

图 2-158

（5）等进度条的完成度为100%后，即可得到如图 2-159 所示扩展后的效果。

图 2-159

（6）在"属性面板"中，选择图 2-160 和图 2-161 两张效果图进行查看。可以根据自己的喜好选择其中最满意的一张，或者继续进行"生成"，直到满意为止。

图 2-160

图 2-161

（7）选择"矩形选框工具"，在素材上按住鼠标左键并拖曳，创建如图 2-162 所示的选区。

（8）在上下文任务栏中，单击"创成式填充"命令选项，并如图 2-163 所示输入"木屋"的英文"the cabin"，在上下文任务栏中直接单击"生成"选项。

图 2-162

图 2-163

（9）等生成的进度条的完成度为 100% 后，即可得到如图 2-164 所示的效果。

图 2-164

（10）通过"属性面板"，在 3 张效果缩略图中选择如图 2-165 所示的比较自然的一张。

图 2-165

（11）使用相似的方式，生成一只"木船"，选择"矩形选框工具"，在素材上按住鼠标左键并拖曳，创建如图 2-166 所示的选区。

图 2-166

（12）在上下文任务栏中，单击"创成式填充"命令选项，并输入"木船"的英文"the wooden boat"，在上下文任务栏中直接单击"生成"选项。等生成的进度条的完成度为 100% 后，即可得到如图 2-167 所示的效果。

图 2-167

（13）在"属性面板"中，选择图 2-168 和图 2-169 两张效果图进行查看。因为图 2-168 所示效果更为自然，所以将它选择为本案例最终输出的图像。

图 2-168

图 2-169

第 3 章

图层

图层是 Photoshop 重要的组成部分，可以把图层想象成一张一张叠起来的透明胶片，每张透明胶片上都有不同的画面，改变图层的顺序和属性可以改变图像的最终效果。对图层进行操作，使用其特殊的功能可以创建很多复杂的图像效果。

3.1 认识图层

3.1.1 "图层"面板

"图层"面板是 Photoshop 中最重要、最常用的面板，主要用于创建、编辑和管理图层，以及为图层添加样式，如图 3-1 所示。

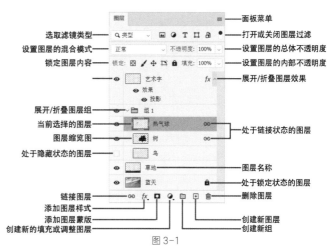

图 3-1

图层面板选项介绍

· 面板菜单 ≡：单击该图标，打开"图层"面板的面板菜单，如图 3-2 所示。

· 选取滤镜类型：当文档中的图层较多时，可以在该下拉列表中选择一种过滤类型，以减少图层的显示，可供选择的类型包含"类型""名称""效果""模式""属性""颜色"和"选定"。例如，如图 3-3 所示，"笔记"和"耳机"两个图层被标记为橙色，在"选区滤镜类型"下拉列表中选择"颜色"选项以后，在"图层"面板中就会过滤掉标记了颜色的图层，只显示没有标记颜色的图层，如图 3-4 所示。

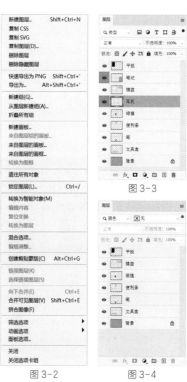

图 3-2　　图 3-3

图 3-4

小提示

注意，"选取滤镜类型"中的"滤镜"并不是指菜单栏中的"滤镜"菜单命令，而是"过滤"的颜色，也就是对某一种图层类型进行过滤。

· 打开或关闭图层过滤🔘：单击该按钮，可以开启或关闭图层的过滤功能。

· 设置图层的混合模式：用来设置当前图层的混合模式，使之与下面的图像混合。

· 锁定图层内容 锁定：🔲/➕❏🔒：这一排按钮用于锁定当前图层的某种属性，使其不可编辑。

· 设置图层的总体不透明度：用来设置当前图层的总体不透明度。

· 设置图层的内部不透明度：用来设置当前图层的填充不透明度。该选项与"不透明度"选项类似，但是不会影响图层样式效果。

· 展开 / 折叠图层效果🔺：单击该图标可以展开或折叠图层效果，以显示出当前图层添加的所有效果的名称。

· 当前选择的图层：当前处于选择或编辑状态的图层。处于这种状态的图层在"图层"面板中显示为灰色的底色。

· 处于链接状态的图层∞：当链接好两个或两个以上的图层以后，图层名称的右侧就会显示出链接标志。链接好的图层可以一起进行移动或变换等操作。

小提示

在默认状态下，缩略图的显示方式为小缩略图，如图 3-5 所示。如果要更改图层缩略图的显示大小，可以在图层缩略图上单击鼠标右键，在弹出的菜单中选择相应的显示方式即可，如图 3-6 所示。

此外，还可以在"图层"面板的菜单中选择"面板选项"命令，打开"图层面板选项"对话框，在该对话框中也可以选择图层缩略图的显示大小，如图 3-7 所示。

图 3-5 　　图 3-6 　　图 3-7

· 图层名称：显示图层的名称。

· 处于锁定状态的图层🔒：当图层缩略图右侧显示有该图标时，表示该图层处于锁定状态。

· 链接图层∞：用来链接当前选择的多个图层。

· 添加图层样式🔣：单击该按钮，在弹出的菜单中选择一种样式，可以为当前图层添加一个图层样式。

· 添加图层蒙版▢：单击该按钮，可以为当前图层添加一个蒙版。

· 创建新的填充或调整图层◑：单击该按钮，在弹出的菜单中选择相应的命令即可创建填充图层或调整图层。

· 创建新组▣：单击该按钮可以新建一个图层组。

· 创建新图层▣：单击该按钮可以新建一个图层。

· 删除图层🗑：单击该按钮可以删除当前选择的图层或图层组。

3.1.2 新建图层

在 Photoshop 的操作中，经常会遇到新建图层或背景图层与普通图层之间的转化，熟练掌握相关的知识能提升工作效率。新建图层的方法有很多种，可以在"图层"面板中创建新的普通空白图层，也可以通过复制已有的图层来创建新的图层，还可以将图像中的局部创建为新的图层，当然也可以通过相应的命令来创建不同类型的图层，下面介绍 4 种新建图层的方法。

❶ 在图层面板中创建图层

在"图层"面板底部，如图 3-8 所示单击"创建新图层"按钮▣，即可在当前图层的上一层新建一个图层，如图 3-9 所示。如果要在当前图层的下一层新建一个图层，按住 Ctrl 键单击"创建新图层"按钮▣即可，如图 3-10 所示。

图 3-8 　　图 3-9 　　图 3-10

小提示

注意，如图 3-11 所示，如果当前图层为"背景"图层，则按不按 Ctrl 键，新建图层都位于"背景"图层的上一层，如图 3-12 所示。

图 3-11 　　　　图 3-12

❷ 用新建命令新建图层

如果要在创建图层的时候设置图层的属性，可以执行"图层 > 新建 > 图层"菜单命令，在弹出的"新建图层"对话框设置图层的名称、颜色、混合模式和不透明度等，如图 3-13 所示。按住 Alt 键单击"创建新图层"按钮，或直接按快捷键 Shift+Ctrl+N 也可以打开"新建图层"对话框。

图 3-13

小提示

在"新建图层"对话框中可以设置图层的颜色，例如，设置"颜色"为"蓝色"，如图 3-14 所示，新建出来的图层就会被标记为蓝色，这样有助于区分不同用途的图层，如图 3-15 所示。

图 3-14

图 3-15

❸ 用通过拷贝的图层命令创建图层

选择一个图层以后，执行"图层 > 新建 > 通过拷贝的图层"菜单命令或按快捷键 Ctrl+J，可以将当前图层复制一份，如图 3-16 所示；如果当前图像中存在选区，如图 3-17 所示，执行该命令可以将选区中的图像复制到一个新的图层中，如图 3-18 所示。

图 3-16

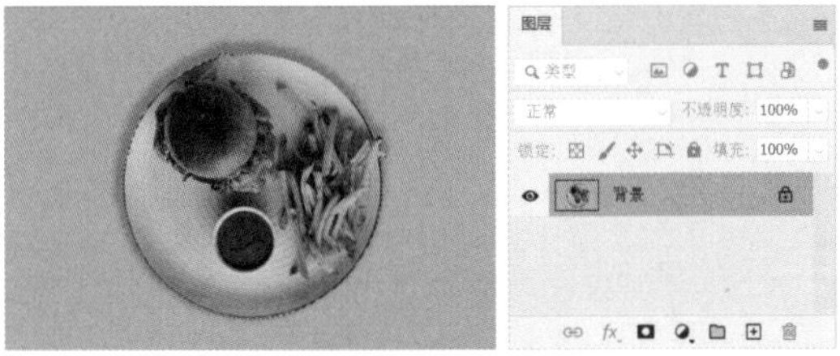

图 3-17

图 3-18

❹ 用通过剪切的图层命令创建图层

如果在图像中创建了选区，如图 3-19 所示，执行"图层 > 新建 > 通过剪切的图层"菜单命令或按快捷键 Shift+Ctrl+J，可以将选区内的图像剪切到一个新的图层中，原始图层选区位置将被背景色填充，如图 3-20 所示。

图 3-19

图 3-20

3.1.3 背景图层的转换

在一般情况下，"背景"图层都处于锁定无法编辑的状态。因此，如果要对"背景"图层进行操作，就需要将其转换为普通图层。当然，也可以将普通图层转换为"背景"图层。

❶ 将背景图层转换为普通图层

如果要将"背景"图层转换为普通图层，可以采用以下 4 种方法。

·第 1 种：首先在"背景"图层上单击鼠标右键，然后在弹出的菜单中选择"背景图层"命令，如图 3-21 所示，打开"新建图层"对话框，最后单击"确定"按钮（确定）即可将其转换为普通图层，如图 3-22 所示。

图 3-21

图 3-22

·第2种：先在"背景"图层的缩略图上双击左键，打开"新建图层"对话框，然后单击"确定"按钮 即可。

·第3种：按住 Alt 键双击"背景"图层的缩略图，"背景"图层将直接转换为普通图层。

·第4种：执行"图层 > 新建 > 背景图层"菜单命令，可以将"背景"图层转换为普通图层。

❷ 将普通图层转换为背景图层

如果要将普通图层转换为"背景"图层，可以采用以下两种方法。

·第1种：先在图层名称上单击鼠标右键，然后在弹出的菜单中选择"拼合图像"命令，如图 3-23 所示，此时图层将被转换为"背景"图层，如图 3-24 所示。另外，执行"图层 > 拼合图像"菜单命令，也可以将图像拼合成"背景"图层。

图 3-23　　　　　　　图 3-24

小提示

如图 3-25 所示的素材，在使用"拼合图像"命令之后，当前所有图层都会被合并到"背景"图层中，如图 3-26。

图 3-25　　　　　　　图 3-26

·第2种：执行"图层 > 新建 > 图层背景"菜单命令，可以将普通图层转换为"背景"图层。

3.2 管理图层

3.2.1 图层的基本操作

图层的基本操作包括选择 / 取消选择图层、复制图层、删除图层、显示 / 隐藏图层、链接与取消链接图层和修改图层的名称与颜色。

❶ 选择 / 取消选择图层

如果要对文档中的某个图层进行操作，就必须先选中该图层。在 Photoshop 中，可以选择单个图层，也可以选择多个连续的图层或选择多个非连续的图层。

·如果要选择一个图层，只需要在"图层"面板中单击该图层即可将其选中，如图 3-27 所示，选中了"平板"图层。

图 3-27

·如果要选择多个连续的图层，先选择位于连续的图层顶端的图层，然后按住 Shift 键，单击位于连续的图层底端的图层，即可选择这些连续的图层；也可以在选中一个图层的情况下，按住 Ctrl 键单击其他图层名称。如图 3-28 所示，选中了"平板"到"耳机"之间多个连续的图层。

图 3-28

小提示

如果按 Ctrl 键连续选择多个图层，只能单击其他图层的名称，绝对不能单击图层缩略图，否则会载入图层的选区。

·如果要选择多个非连续的图层，可以先选择其中一个图层，然后按住 Ctrl 键单击其他图层的名称。如图 3-29 所示，选中了"平板""键盘""文具盒"3个图层。

图 3-29

> **小提示**
>
> 选择一个图层后，按快捷键 Ctrl+] 可以将当前图层切换为与之相邻的上一个图层；按快捷键 Ctrl+[可以将当前图层切换为与之相邻的下一个图层。

· 如果要选择所有图层，可以执行"选择 > 所有图层"菜单命令或按快捷键 Alt+Ctrl+A，如图 3-30 所示。

图 3-30

> **小提示**
>
> 执行"选择 > 所有图层"菜单命令，会选择除了"背景"图层的所有图层。

· 如果要选择链接的图层，可以先选择一个链接图层，然后执行"图层 > 选择链接图层"菜单命令即可。

· 如果不想选择任何图层，可以在"图层"面板中最下面的空白处单击鼠标左键，即可取消选择所有图层。另外，执行"选择 > 取消选择图层"菜单命令也可以达到相同的目的，效果如图 3-31 所示。

图 3-31

❷ 复制图层

复制图层在 Photoshop 中经常用到，这里讲解 4 种复制图层的方法。

· 第 1 种：选择一个图层，然后执行"图层 > 复制图层"菜单命令，单击"确定"按钮 确定 即可复制选中的图层。复制"文具盒"图层，如图 3-32 所示。

· 第 2 种：先选择要复制的图层，然后在其名称上单击鼠标右键，最后在弹出的菜单中选择"复制图层"命令，即可复制选中的图层。

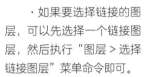

图 3-32

· 第 3 种：直接将图层拖曳到"创建新图层"按钮上，即可复制选中的图层。

· 第 4 种：选择需要进行复制的图层，然后按快捷键 Ctrl+J。

❸ 删除图层

如果要删除一个或多个图层，可以先将其选中，然后执行"图层 > 删除图层 > 图层"菜单命令，即可删除选中的图层。如图 3-33 所示删除了"文具盒"图层。

图 3-33

> **小提示**
>
> 如果要快速删除图层，可以将其拖曳到"删除图层"按钮上，也可以按 Delete 键。

❹ 显示 / 隐藏图层

图层缩略图左侧的眼睛图标用来控制图层的可见性。有该图标的图层为可见图层，没有该图标的图层为隐藏图层，单击眼睛图标可以在图层的显示与隐藏之间进行切换。如图 3-34 所示的素材，隐藏"文具盒"图层后，效果如图 3-35 所示。

图 3-34

图 3-35

❺ 链接与取消链接图层

如果要同时处理多个图层中的内容（如移动、应用变换或创建剪贴蒙版），可以将这些图层链接在一起。先选择两个或多个图层，然后执行"图层 > 链接图层"菜单命令或在"图层"面板下单击"链接图层"按钮，如图 3-36 所示，可以将这些图层链接起来，效果如图 3-37 所示。再次单击即可取消图层链接。

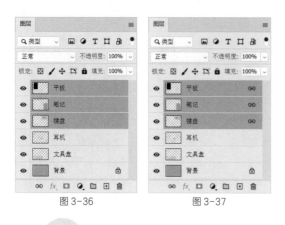

图 3-36　　　　　　　图 3-37

如果要修改图层的颜色，可以先选择该图层，然后在图层缩略图或图层名称上单击鼠标右键，最后在弹出的菜单中选择相应的颜色即可，如图 3-41 和图 3-42 所示。

图 3-41　　　　　　　　　图 3-42

小提示

将图层链接在一起后，当移动其中一个图层或对其进行变换的时候，与其链接的图层也会发生相应的变化。如图 3-38 所示"键盘"和"耳机"图层处于链接状态，选择移动工具对素材中"键盘"图层进行移动，这时与之链接的"耳机"图层也会相应进行移动，效果如图 3-39 所示。

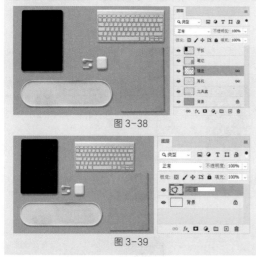

图 3-38

图 3-39

3.2.2 栅格化图层

对于文字图层、形状图层、矢量蒙版图层或智能对象等包含矢量数据的图层，不能直接在上面进行编辑，需要先将其栅格化以后才能进行相应的操作。先选择需要栅格化的图层，然后执行"图层 > 栅格化"菜单下的子命令，可以将相应的图层栅格化，如图 3-43 所示。

图 3-43

栅格化图层内容介绍

·文字：栅格化文字图层，使文字变为光栅图像，如图 3-44 和图 3-45 所示。栅格化文字图层以后，文本内容将不能再编辑。

❻ **修改图层的名称与颜色**

在一个图层较多的文档中，修改图层名称及颜色有助于快速找到相应的图层。如果要修改某个图层的名称，可以执行"图层 > 重命名图层"菜单命令，也可以在图层名称上双击左键，激活名称输入框，如图 3-40 所示，在输入框中输入新名称即可。

图 3-40

图 3-44　　　　　　　图 3-45

·智能对象：栅格化智能对象图层，使其转换为像素图像。

· 图层 / 所有图层：执行"图层"命令，可以栅格化当前选定的图层；执行"所有图层"命令，可以栅格化包含矢量数据、智能对象和生成的数据的所有图层。

3.2.3 调整图层的排列顺序

在创建图层时，"图层"面板将按照创建的先后顺序来排列图层，创建图层以后，可以重新调整其排列顺序，调整图层的排列顺序的方法有两种。

❶ 在图层面板中调整图层的排列顺序

在图层面板中，先选中需要调整的图层，然后拖曳图层至目标位置，即可调整图层顺序，将图 3-46 中的"水果"图层拖曳到"浅蓝纸张"图层下方，即可得到如图 3-47 所示的效果。

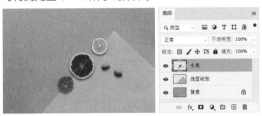

图 3-46

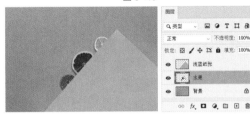

图 3-47

❷ 用排列命令调整图层的排列顺序

通过"排列"命令也可以改变图层排列的顺序。先选择一个图层，然后执行"图层 > 排列"菜单下的子命令，可以调整图层的排列顺序，如图 3-48 所示。

图 3-48

排列命令介绍

· 置为顶层：将所选图层调整到最顶层，快捷键为 Shift+Ctrl+]。

· 前 / 后移一层：将所选图层向上或向下移动一个堆叠顺序，快捷键分别为 Ctrl+] 和 Ctrl+[。

· 置为底层：将所选图层调整到最底层，快捷键为 Shift+Ctrl+[。

· 反向：在"图层"面板中选择多个图层，执行该命令可以反转所选图层的排列顺序。

3.2.4 调整图层的不透明度与填充

"图层"面板中有专门针对图层的不透明度与填充进行调整的选项，两者在一定程度上都是针对不透明度进行调整，100% 为完全不透明，50% 为半透明，0% 为完全透明。图 3-49 中包括背景和两个一模一样的文字图层素材，文字图层都添加了相同的投影效果，若将"图层 1"的不透明度修改为 0%，即可得到如图 3-50 所示的效果，"图层 1"和它的投影效果一起消失了；将"图层 2"的填充修改为 0%，即可得到如图 3-51 所示的效果，"图层 2"消失了，但它的投影效果还在。

图 3-49

图 3-50

图 3-51

小提示

不透明度用于控制图层、图层组中绘制的像素和形状的不透明度，如果对图层应用了图层样式，则图层样式的不透明度也会受到该值的影响；填充只影响图层中绘制的像素和形状的不透明度，不会影响图层样式的不透明度。

3.2.5 对齐与分布图层

对齐与分布图层在 Photoshop 中运用非常广泛，能对多个图层进行快速地对齐或按照一定的规律均匀分布。

❶ 对齐图层

如果需要将多个图层对齐，先在"图层"面板中选择这些图层，然后执行"图层 > 对齐"菜单下的子命令，如图 3-52 所示。图 3-53 包括背景和 4 个图标图层的素材，将 4 个图标图层选择后，执行"图层 > 对齐 > 垂直居中"命令，得到如图 3-54 所示的效果。

图 3-52

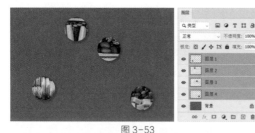

图 3-53

图 3-54

❷ 分布图层

当一个文档中包含多个图层（至少为 3 个图层，且"背景"图层除外）时，可以执行"图层 > 分布"菜单下的子命令将这些图层按照一定的规律均匀分布，如图 3-55 所示。

图 3-56 包括背景和 4 个图标图层的素材，将 4 个图标图层选中后，执行"图层 > 对齐 > 水平居中"命令，即可得到如图 3-57 所示的效果。

图 3-55

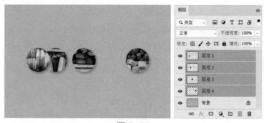

图 3-56

图 3-57

3.2.6 合并与盖印图层

如果一个文档中含有过多的图层、图层组及图层样式，会耗费非常多的内存资源，从而减慢计算机的运行速度。遇到这种情况，可以采用删除无用的图层、合并同一个内容的图层等方法来减小文档的大小。

❶ 合并图层

合并图层就是将两个或两个以上的图层合并到一个图层上，主要包括向下合并、合并可见图层和拼合图像。

· 向下合并

向下合并图层是将当前图层与它下方的图层合并，可以执行"图层 > 向下合并"菜单命令或按快捷键 Ctrl+E 合并图层。

· 合并可见图层

合并可见图层是将当前所有的可见图层合并为一个图层，如图 3-58 所示，执行"图层 > 合并可见图层"菜单命令将其合并，效果如图 3-59 所示。

图 3-58

图 3-59

·拼合图像

拼合图像是将所有可见图层进行合并，隐藏的图层被丢弃，执行"图层 > 拼合图像"菜单命令即可，如图 3-60 和 3-61 所示。

图 3-60　　　　　　　图 3-61

❷ 盖印图层

"盖印"是一种合并图层的特殊方法，它可以将多个图层的内容合并到一个新的图层中，同时保持其他图层不变。盖印图层在实际工作中经常用到，是一种很实用的图层合并方法。

·向下盖印图层

选择一个图层，如图 3-62 所示，按快捷键 Ctrl+Alt+E，可以将该图层中的图像盖印到下面的图层中，原始图层的内容保持不变，如图 3-63 所示。

图 3-62　　　　　　　图 3-63

·盖印多个图层

如果选择了多个图层，如图 3-64 所示，按快捷键 Ctrl+Alt+E，可以将这些图层中的图像盖印到一个新的图层中，原始图层的内容保持不变，如图 3-65 所示。

图 3-64　　　　　　　图 3-65

·盖印可见图层

按快捷键 Ctrl+Shift+Alt+E，可以将所有可见图层盖印到一个新的图层中，如图 3-66 和图 3-67 所示。

图 3-66　　　　　　　图 3-67

·盖印图层组

选择图层组，按快捷键 Ctrl+Alt+E，可以将组中所有图层内容盖印到一个新的图层中，原始图层组中的内容保持不变。

3.2.7 创建与解散图层组

随着图像的不断编辑，图层的数量往往会越来越多，少者几个，多者几十个、几百个，要在如此之多的图层中找到需要的图层，会是一件非常麻烦的事情。如果使用图层组来管理同一个内容的图层，就可以使"图层"面板中的图层结构更加有条理，寻找起来也更加方便快捷。

创建图层组后，可以方便快捷地移动整个图层组中的所有图像，提高工作效率。

❶ 创建图层组

创建图层组的方法有 3 种，包括在图层面板中创建图层组、用新建命令创建图层组和从所选图层创建图层组。

·第 1 种：如图 3-68 所示，在"图层"面板下单击"创建新组"按钮 ▢，可以创建一个空白的图层组，如图 3-69 所示。

图 3-68　　　　　　　图 3-69

· 第 2 种：如果要在创建图层组时设置组的名称、颜色、混合模式和不透明度，可以执行"图层 > 新建 > 组"菜单命令，在弹出的"新建组"对话框中设置这些属性，如图 3-70 和图 3-71 所示。

图 3-70

图 3-71

· 第 3 种：选择一个或多个图层，如图 3-72 所示，执行"图层 > 图层编组"菜单命令或按快捷键 Ctrl+G，可以为所选图层创建一个图层组，如图 3-73 所示。

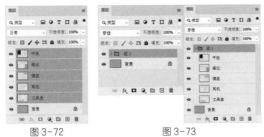

图 3-72　　　　　　图 3-73

❷ 取消图层编组

如果要取消图层编组，可以执行"图层 > 取消图层编组"菜单命令或按快捷键 Shift+Ctrl+G，也可以在图层组名称上单击鼠标右键，在弹出的菜单中选择"取消图层编组"命令，如图 3-74 所示。

图 3-74

3.2.8 将图层移入或移出图层组

选择一个或多个图层，将其拖曳到图层组内，如图 3-75 和图 3-76 所示；相反，将图层组中的图层拖曳到组外，就可以移出。

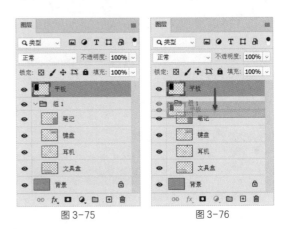

图 3-75　　　　　　图 3-76

3.3 填充图层与调整图层

3.3.1 填充图层

填充图层是一种比较特殊的图层，可以使用纯色、渐变或图案填充图层。与调整图层不同，填充图层不会影响它们下面的图层。

❶ 纯色填充图层

纯色填充图层可以用一种颜色填充图层，并带有一个图层蒙版。打开如图 3-77 所示的含有两个图层的素材，在"图层"面板中先选择背景图层，然后执行"图层 > 新建填充图层 > 纯色"菜单命令，弹出"新建图层"对话框，如图 3-78 所示，在该对话框中可以设置纯色填充图层的名称、颜色、混合模式和不透明度，并且可以为下一图层创建剪贴蒙版。

图 3-77

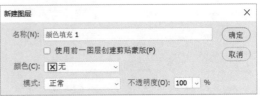

图 3-78

在"新建图层"对话框中设置好相关选项以后，单击"确定"按钮 确定 ，打开"拾取实色"对话框，拾取其中一种颜色，如图 3-79 所示，单击"确定"按钮 确定 ，创建一个纯色填充图层，如图 3-80 所示。创建好纯色填充图层以后，可以调整"混合模式""不透明度"或编辑自带的蒙版，使其与下面的图像混合在一起。

图 3-81

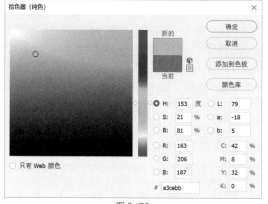

图 3-79

图 3-82

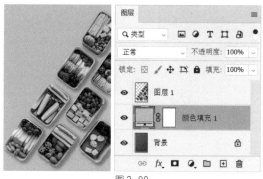

图 3-80

图 3-83

❷ 渐变填充图层

渐变填充图层可以用一种渐变色填充图层。执行"图层 > 新建填充图层 > 渐变"菜单命令，打开"新建图层"对话框，在该对话框中可以设置渐变填充图层的名称、颜色、混合模式和不透明度，并且可以为下一图层创建剪贴蒙版。

打开如图 3-81 所示的含有两个图层的素材，在"图层"面板中先选择背景图层，然后执行"图层 > 新建填充图层 > 渐变"菜单命令，打开"新建图层"对话框，参照如图 3-82 所示的参数进行设置，单击"确定"按钮，创建一个渐变填充图层，最终效果如图 3-83 所示。与纯色填充图层相同，渐变填充图层也可以设置"混合模式""不透明度"或编辑蒙版，使其与下面的图像混合在一起。

❸ 图案填充图层

与纯色填充和渐变填充一样，图案填充图层是用一种图案填充图层。执行"图层 > 新建填充图层 > 图案"菜单命令，打开"新建图层"对话框，在该对话框中可以设置图案填充图层的名称、颜色、混合模式和不透明度，并且可以为下一图层创建剪贴蒙版。

打开如图 3-84 所示的素材，首先选择横排版文字工具，在素材上输入文字"追寻天命"，确定后即可得到如图 3-85 所示的文字选区。然后执行"图层 > 新建填充图层 > 图案"菜单命令，打开"新建图层"对话框，参照如图 3-86 所示的参数进行设置，单击"确定"按钮，创建一个图案填充图层，最终效果如图 3-87 所示。与纯色填充图层和渐变填充图层相同，图案填充图层也可以设置"混合模式""不透明度"或编辑蒙版，使其与下面的图像混合在一起。

图 3-84

图 3-85

图 3-86

图 3-87

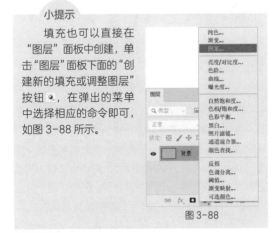

小提示

填充也可以直接在"图层"面板中创建，单击"图层"面板下面的"创建新的填充或调整图层"按钮 🔘，在弹出的菜单中选择相应的命令即可，如图 3-88 所示。

图 3-88

3.3.2 调整图层

调整图层是一种非常重要且特殊的图层，它不仅可以调整图像的颜色和色调，而且不会破坏图像的像素。

❶ 调整图层与调色命令的区别

在 Photoshop 中，有两种基本的方法调整图像色彩。

·第 1 种：直接执行"图像 > 调整"菜单下的调色命令进行调节，这种方式属于不可修改方式，也就是说一旦调整了图像的色调，就不可以再重新修改调色命令的参数。

·第 2 种：打开如图 3-89 所示的图像，以"色相 / 饱和度"调色命令为例进行说明。执行"图层 > 新建调整图层 > 色相 / 饱和度"菜单命令时，如图 3-90 所示，会在"背景"图层的上方创建一个"色相 / 饱和度"图层，此时可以在"属性"面板中设置相关参数，效果如图 3-91 所示，与第 1 种调色方式不同的是调整图层将保留下来，如果对调整效果不满意，可以重新设置其参数，并且还可以编辑"色相 / 饱和度"调整图层的蒙版，使调色只针对背景中的某一区域，如图 3-92 所示。

图 3-89

图 3-90

图 3-91

图 3-92

图 3-95

图 3-96

综上所述，调整图层的优点如下。

第 1 点，编辑不会破坏图像。可以随时修改调整图层的相关参数值，并且可以修改其"混合模式"与"不透明度"。

第 2 点，编辑具有选择性。在调整图层的蒙版上绘画，可以将调整应用于图像的一部分。

第 3 点，能够将调整应用于多个图层。调整图层不仅可以只对一个图层产生作用（创建剪贴蒙版），还可以对下面的所有图层产生作用。

❷ 调整面板

执行"窗口 > 调整"菜单命令，打开"调整"面板，如图 3-93 所示，包含调整预设、您的预设和单一调整 3 个选项。

打开"调整预设"可以看到如图 3-94 所示的人像、风景、照片修复、创意、黑白、电影的等调整预设，有如图 3-95 所示的素材，使用"调整预设"时只需单击即可（电影的 - 黑暗之谜），效果如图 3-96 所示。

打开如图 3-97 所示的"您的预设"可以创建自己的预设；打开如图 3-98 所示的"单一调整"可以创建相应的调整图层，也就是说这些按钮与"图层 > 新建调整图层"菜单下的命令相对应。

图 3-97

图 3-98

图 3-99 为"调整"面板的面板菜单，可以快速为图层添加各种调整图层。

图 3-93　　　　图 3-94

图 3-99

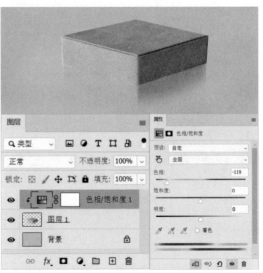

图 3-102

❸ 属性面板

创建调整图层以后，可以在"属性"面板中修改其参数，如图 3-100 所示。

单击可剪贴到图层
查看上一状态
复位到调整默认值
删除此调整图层
切换图层可见性

图 3-100

属性面板选项介绍

· 可剪切到图层 🔲：如图 3-101 所示的素材，添加"色相 / 饱和度"调整图层后，单击该按钮，可以将调整层设置为下一图层的剪贴蒙版，让该调整图层只作用于它下面的一个图层，如图 3-102 所示；再次单击该按钮，调整图层会影响下面的所有图层，如图 3-103 所示。

图 3-101

图 3-103

· 查看上一状态 ◐：单击该按钮，可以在文档窗口中查看图像的上一个调整效果，以比较两种不同的调整效果。

· 复位到调整默认值 ⟲：单击该按钮，可以将调整参数恢复到默认值。

· 切换图层可见性 ◉：单击该按钮，可以隐藏或显示调整图层。

· 删除此调整图层 🗑：单击该按钮，可以删除当前调整图层。

❹ 新建调整图层

新建调整图层的方法共有以下 3 种。

· 第 1 种：执行"图层 > 新建调整图层"菜单下的调整命令。

· 第 2 种：在"图层"面板下面单击"创建新的

填充或调整图层"按钮 ，在弹出的菜单中选择相应的调整命令，如图3-104所示。

·第3种：执行"窗口＞调整"菜单命令，打开"调整"面板，然后单击相应按钮。

图 3-104

第2种：在"图层"面板下单击"添加图层样式"按钮 ，在弹出的菜单中选择一种样式即可打开"图层样式"对话框，如图3-107所示。

图 3-107

第3种：在"图层"面板中双击需要添加样式的图层缩略图，也可打开"图层样式"对话框。

> **小提示**
>
> "背景"图层和图层组不能应用图层样式。如果要对"背景"图层应用图层样式，需要先按住 Alt 键双击图层缩略图，将其转换为普通图层以后再进行添加；如果要为图层组添加图层样式，需要先将图层组合并为一个图层。

3.4 图层样式与图层混合

3.4.1 添加图层样式

如果要为一个图层添加图层样式，先要打开"图层样式"对话框。打开"图层样式"对话框的方法主要有以下3种。

第1种：执行"图层＞图层样式"菜单下的子命令，如图3-105所示，弹出"图层样式"对话框，如图3-106所示。

图 3-105

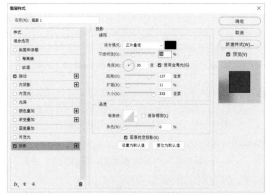

图 3-106

3.4.2 "图层样式"对话框

"图层样式"对话框的左侧列出了10种样式，如图3-108所示。样式名称前面的复选框内有√标记，表示在图层中添加了该样式。

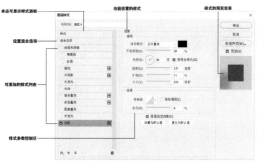

图 3-108

单击一个样式的名称，可以选中该样式，同时切换到该样式的设置面板，如图3-109所示。

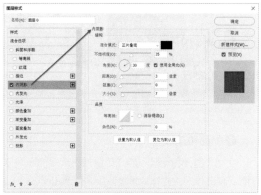

图 3-109

小提示

如果单击样式名称前面的复选框，则可以应用该样式，但不会显示样式设置面板，如图 3-110 所示。

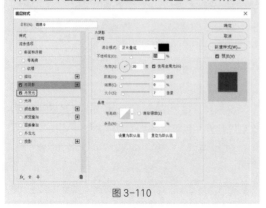

图 3-110

在"图层样式"对话框中设置好样式参数以后，单击"确定"按钮 （确定）即可为选定图层添加样式，添加了样式的图层右侧会出现一个图标 fx，如图 3-111 所示。另外，单击 ∧ 图标可以折叠或展开图层样式列表，如图 3-112 所示。

图 3-111　　　　　　　图 3-112

如图 3-113 所示，它包含两个图层，选择上面文字图层后，打开图层样式，可以为图层添加各种图层样式，查看图层样式效果。

图 3-113

❶ 斜面和浮雕

使用"斜面和浮雕"样式可以为图层添加高光与阴影，使图像产生立体的浮雕效果。设置如图 3-114 所示的参数，即可得到如图 3-115 所示的浮雕效果。

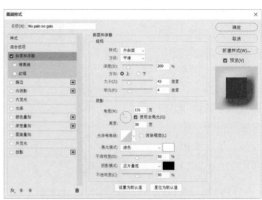

图 3-114

图 3-115

斜面和浮雕选项介绍

·样式：选择斜面和浮雕的样式。选择"外斜面"，可以在图层内容的外侧边缘创建斜面；选择"内斜面"，可以在图层内容的内侧边缘创建斜面；选择"浮雕效果"，可以使图层内容相对于下层图层产生浮雕状的效果；选择"枕状浮雕"，可以模拟图层内容的边缘嵌入下层图层中产生的效果；选择"描边浮雕"，可以将浮雕应用于图层的"描边"样式的边界（注意如果图层没有"描边"样式，则不会产生效果）。

·方法：用来选择创建浮雕的方法。选择"平滑"，可以得到比较柔和的边缘；选择"雕刻清晰"，可以得到最精确的浮雕边缘；选择"雕刻柔和"，可以得到中等水平的浮雕效果。

·深度：用来设置浮雕斜面的应用深度，数值越高，浮雕的立体感越强。

·方向：用来设置高光和阴影的位置。该选项与光源的角度有关，例如，设置"角度"为 130°时，选择"上"方向，那么阴影位置就位于下面；选择"下"方向，阴影位置则位于上面。

·大小：该选项表示斜面和浮雕的阴影面积的大小。

·软化：用来设置斜面和浮雕的平滑程度。

·角度／高度：这两个选项用于设置光源的发光角度和光源的高度。

·光泽等高线：选择不同的等高线样式，可以为斜面和浮雕的表面添加不同的光泽质感，也可以自己编辑等高线样式。

❷ 描边

"描边"样式可以使用颜色、渐变色及图案来描绘图像的轮廓边缘，将"填充"的"不透明度"设置为0%，参照如图 3-116 所示参数设置，即可得到如图 3-117 所示的描边效果。

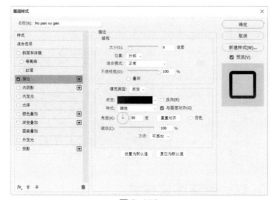

图 3-116

图 3-117

描边选项介绍

· 位置：选择描边的位置。

· 混合模式：设置描边效果与下层图像的混合模式。

· 填充类型：设置描边的填充类型，包含"颜色""渐变"和"图案"3 种类型。

❸ 内阴影

"内阴影"样式可以在紧靠图层内容的边缘内添加阴影，使图层内容产生凹陷效果，将"填充"的"不透明度"设置为0%，参照如图 3-118 所示的参数设置，即可得到如图 3-119 所示的效果。

图 3-118   图 3-119

内阴影选项介绍

· 混合模式 / 不透明度："混合模式"选项用来设置内阴影效果与下层图像的混合方式，"不透明度"选项用来设置内阴影效果的不透明度。

· 设置阴影颜色：单击"混合模式"选项右侧的颜色块，可以设置阴影的颜色。

· 距离：用来设置内阴影偏移图层内容的距离。

· 大小：用来设置内阴影的模糊范围，值越低，内阴影越清晰，反之，内阴影的模糊范围越广。

· 杂色：用来在内阴影中添加杂色。

❹ 内发光

使用"内发光"样式可以沿图层内容的边缘向内创建发光效果，将"填充"的"不透明度"设置为0%，参照如图 3-120 所示的参数设置，即可得到如图 3-121 所示的效果。

图 3-120   图 3-121

内发光选项介绍

· 设置发光颜色：单击"杂色"选项下面的颜色块，可以设置内发光颜色；单击颜色块后面的渐变条，可以在"渐变编辑器"对话框中选择或编辑渐变色。

· 方法：用来设置发光的方式。选择"柔和"选项，发光效果比较柔和；选择"精确"选项，可以得到精确的发光边缘。

· 源：用于选择内发光的位置，包含"居中"和"边缘"两种方式。

· 范围：用于设置内发光的发光范围。数值越低，内发光范围越大，发光效果越清晰；数值越高，内发光范围越低，发光效果越模糊。

❺ 光泽

使用"光泽"样式可以为图像添加光滑的、有光泽的内部阴影，通常用来制作具有光泽质感的按钮和金属，设置"不透明度"为0%，参照如图 3-122 所示的参数设置，即可得到如图 3-123 所示的效果。

图 3-122   图 3-123

❻ 颜色叠加

使用"颜色叠加"样式可以在图像上叠加设置的

颜色效果。参照如图 3-124 所示的参数设置，即可得到如图 3-125 所示的效果。

图 3-124

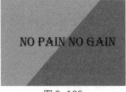

图 3-125

❼ 渐变叠加

使用"渐变叠加"样式可以在图层上叠加指定的渐变色效果。参照如图 3-126 所示的参数设置，即可得到如图 3-127 所示的效果。

图 3-126

图 3-127

❽ 图案叠加

使用"图案叠加"样式可以在图像上叠加设置的图案效果。参照如图 3-128 所示的参数设置，即可得到如图 3-129 所示的效果。

图 3-128

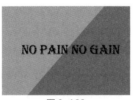

图 3-129

❾ 外发光

使用"外发光"样式可以沿图层内容的边缘向外创建发光效果，"不透明度"设置为 0%，参照如图 3-130 所示的参数设置，即可得到如图 3-131 所示的效果。

图 3-130

图 3-131

外发光选项介绍

·扩展 / 大小："扩展"选项用来设置发光范围的大小；"大小"选项用来设置光晕范围的大小。这

两个选项是有很大关联的，设置"大小"可以得到最柔和的外发光效果，设置"扩展"可以得到类似于描边的效果。

❿ 投影

使用"投影"样式可以为图层添加投影，使其产生立体感，"不透明度"设置为 0%，参照如图 3-132 所示的参数设置，即可得到如图 3-133 所示的效果。

图 3-132

图 3-133

3.4.3 编辑图层样式

为图像添加图层样式以后，如果对样式效果不满意，可以重新编辑，以得到最佳的样式效果。

❶ 显示与隐藏图层样式

如果要隐藏一个样式，可以单击关闭该样式前面的眼睛图标 👁，如图 3-134 所示；如果要隐藏某个图层中的所有样式，可以单击关闭"效果"前面的眼睛图标 👁，如图 3-135 所示。

图 3-134

图 3-135

> **小提示**
> 如果要隐藏整个文档中所有图层的图层样式，可以执行"图层 > 图层样式 > 隐藏所有效果"菜单命令。

❷ 修改图层样式

如果要修改某个图层样式，可以执行该命令或在"图层"面板中双击该样式的名称，在打开的"图层样式"对话框中重新进行编辑。

❸ 复制 / 粘贴与清除图层样式

·复制 / 粘贴图层样式

如果要将某个图层的样式复制到其他图层，可以先选择该图层，然后执行"图层 > 图层样式 > 拷贝图层样式"命令，或者在图层名称上单击鼠标右键，在弹出的菜单中选择"拷贝图层样式"命令，最后选择目标图层，执行"图层 > 图层样式 > 粘贴图层样式"菜单命令，或者在目标图层的名称上单击鼠标右键，在弹出的菜单中选择"粘贴图层样式"命令。

·清除图层样式

如果要删除某个图层样式，可以将该样式拖曳到"删除图层"按钮 🗑 上。

❹ 缩放图层样式

将一个图层 A 的样式拷贝并粘贴给另外一个图层 B 后，图层 B 中的样式将保持与图层 A 的样式的大小比例一致。例如，将大文字的图层的样式拷贝并粘贴到小文字图层，虽然大文字图层的尺寸比小文字图层大得多，但拷贝给小文字图层的样式的大小比例不会发生变化，为了让样式与小文字图层的尺寸比例相匹配，只需执行"图层 > 图层样式 > 缩放效果"菜单命令，在弹出的"缩放图层效果"对话框中对"缩放"数值进行设置即可。

3.4.4 图层的混合模式

"混合模式"是 Photoshop 的一项非常重要的功能，它决定了当前图层的像素与下面图层的像素的混合方式，可以用来创建各种特效，并且不会损坏原始图像的任何内容。当前图层又叫"混合色"图层，下面图层又叫"基色"图层，混合后的效果叫"结果色"。在绘画工具和修饰工具的选项栏，以及"渐隐""填充""描边"命令和"图层样式"对话框中都含有混合模式。

在"图层"面板中选择一个图层，单击面板顶部的"混合模式"下拉列表，可以从中选择一种混合模式。图层的"混合模式"分为 6 组，共 27 种，如图 3-136 所示。

	组合模式组
正常 溶解	组合模式组
变暗 正片叠底 颜色加深 线性加深 深色	加深模式组
变亮 滤色 颜色减淡 线性减淡（添加） 浅色	减淡模式组
叠加 柔光 强光 亮光 线性光 点光 实色混合	对比模式组
差值 排除 减去 划分	比较模式组
色相 饱和度 颜色 明度	色彩模式组

图 3-136

各组混合模式介绍

·组合模式组：该组中的混合模式需要降低图层的"不透明度"或"填充"数值才能起作用，这两个参数的数值越低，就越能看到下面的图像。

·加深模式组：该组中的混合模式可以使图像变暗。在混合过程中，当前图层的白色像素会被下层较暗的像素替代。

·减淡模式组：该组与加深模式组产生的混合效果完全相反，它们可以使图像变亮。在混合过程中，图像中的黑色像素会被较亮的像素替换，而任何比黑色亮的像素都可能提亮下层图像。

·对比模式组：该组中的混合模式可以加强图像的差异。在混合时，50% 的灰色会完全消失，任何亮度值高于50% 灰色的像素都可能提亮下层的图像，亮度值低于 50% 灰色的像素则可能使下层图像变暗。

·比较模式组：该组中的混合模式会比较当前图像与下层图像，将相同的区域显示为黑色，不同的区域显示为灰色或彩色。如果当前图层中包含白色，那么白色区域会使下层图像反相，而黑色不会对下层图像产生影响。

·色彩模式组：使用该组中的混合模式时，Photoshop 会先将色彩分为色相、饱和度和亮度 3 种要素，然后将其中的一种或两种应用在混合后的图像中。

❶ 组合模式组

组合模式组包括"正常"和"溶解"。

·正常：这种模式是 Photoshop 默认的模式。在正常情况下（"不透明度"为100%），上层图像将完全遮盖住下层图像，只有降低"不透明度"数值才能与下层图像相混合，如图 3-137 所示。

图 3-137

·溶解：在"不透明度"和"填充"数值为 100%时，该模式不会与下层图像相混合，只有这两个数值中的其中一个或两个低于 100% 时才能产生效果，使透明度区域上的像素发生离散，结果色由基色或混合色的像素随机替换，如图 3-138 所示。

图 3-138

❷ 加深模式组

加深模式组包括"变暗""正片叠底""颜色加深""线性加深"和"深色"。

· 变暗：口诀"谁暗谁保留"，软件会比较每个通道中的颜色信息，并选择基色或上层图像中较暗的颜色作为结果色，同时替换比上层图像亮的像素，而比上层图像暗的像素保持不变，如图 3-139 所示。

图 3-139

· 正片叠底：软件会查看每个通道中的颜色信息，并将基色与混合色进行正片叠底，结果色总是较暗的颜色。任何颜色与黑色混合产生黑色，与白色混合则保持不变，如图 3-140 所示。

图 3-140

· 颜色加深：软件会通过增加上下层图像之间的对比度使像素变暗，与白色混合后不产生变化，如图 3-141 所示。

图 3-141

· 线性加深：软件会通过减小亮度使像素变暗，与白色混合不产生变化，如图 3-142 所示。

图 3-142

· 深色：软件会比较混合色和基色的所有通道值的总和并显示值较小的颜色。"深色"不会生成第三种颜色（可以通过"变暗"混合获得），因为它将从基色和混合色中选取最小的通道值来创建结果色，如图 3-143 所示。

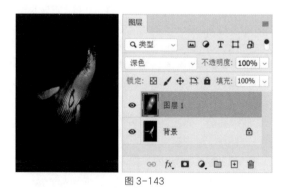

图 3-143

❸ 减淡模式组

减淡模式组包括"变亮""滤色""颜色减淡""线性减淡"和"浅色"。

· 变亮：口诀"谁亮谁保留"，软件会比较上层和下层的颜色，然后选择下层或上层中较亮的颜色作为结果色，如图 3-144 所示。

图 3-144

·滤色：软件会查看每个通道的颜色信息，并将混合色的互补色与基色进行正片叠底。结果色总是较亮的颜色。用黑色过滤时颜色保持不变。用白色过滤将产生白色。此效果类似于多个摄影幻灯片在彼此之上投影，如图 3-145 所示。

图 3-145

·"颜色减淡"模式：软件会查看每种颜色的色彩信息，并通过减小对比度来提亮颜色值，使图像变亮，与黑色混合则不发生变化，如图 3-146 所示。

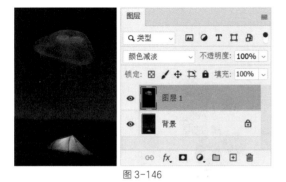

图 3-146

·"线性减淡"模式：软件会查看每种颜色的色彩信息，并通过增加色彩的亮度来提亮颜色值，使图像变亮，如图 3-147 所示。

图 3-147

·"浅色"模式：软件会比较混合色和基色的所有通道值的总和并显示值较大的颜色。"浅色"不会生成第 3 种颜色（可以通过"变亮"混合获得），因为它将从基色和混合色中选取最大的通道值来创建结果色，如图 3-148 所示。

图 3-148

❹ 对比模式组

对比模式组包括"叠加""柔光""强光""亮光""线性光""亮点"和"实色混合"。

·叠加：软件会对颜色进行正片叠底或过滤，具体取决于基色。图案或颜色在现有像素上叠加，同时保留基色的明暗对比。不替换基色，但基色与混合色相混以反映原色的亮度或暗度，如图 3-149 所示。

图 3-149

·柔光：软件会使颜色变暗或变亮，具体取决于混合色。此效果与发散的聚光灯照在图像上相似。如果混合色（光源）比 50% 灰色亮，则图像变亮，就像被减淡了一样。如果混合色（光源）比 50% 灰色暗，则图像变暗，就像被加深了一样。使用纯黑色或纯白色上色，可以产生明显变暗或变亮的区域，但不能生成纯黑色或纯白色，如图 3-150 所示。

图 3-150

· 强光：软件会对颜色进行正片叠底或过滤，具体取决于混合色。此效果与耀眼的聚光灯照在图像上相似。如果混合色（光源）比 50% 灰色亮，则图像变亮，就像过滤后的效果。这对于向图像添加高光非常有用。如果混合色（光源）比 50% 灰色暗，则图像变暗，就像正片叠底后的效果，如图 3-151 所示。

图 3-151

· 亮光：软件会通过增加或减小对比度来加深或减淡颜色，具体取决于混合色。如果混合色（光源）比 50% 灰色亮，则通过减小对比度使图像变亮。如果混合色比 50% 灰色暗，则通过增加对比度使图像变暗，如图 3-152 所示。

图 3-152

· 线性光：软件会通过减小或增加亮度来加深或减淡颜色，具体取决于混合色。如果混合色（光源）比 50% 灰色亮，则通过增加亮度使图像变亮。如果混合色比 50% 灰色暗，则通过减小亮度使图像变暗，如图 3-153 所示。

图 3-153

· 点光：软件会根据混合色替换颜色。如果混合色（光源）比 50% 灰色亮，则替换比混合色暗的像素，而不改变比混合色亮的像素。如果混合色比 50% 灰色暗，则替换比混合色亮的像素，而比混合色暗的像素保持不变，如图 3-154 所示。

图 3-154

· 实色混合：软件会将混合颜色的红色、绿色和蓝色通道值添加到基色的 RGB 值中。如果通道的结果总和大于或等于 255，则值为 255；如果小于 255，则值为 0。因此，所有混合像素的红色、绿色和蓝色通道值要么是 0，要么是 255。此模式会将所有像素更改为主要的加色（红色、绿色或蓝色）、白色或黑色，如图 3-155 所示。

图 3-155

❺ 比较模式组

对比模式组包括"差值""排出""减去"和"划分"。

·差值：软件将查看每个通道中的颜色信息，并从基色中减去混合色，或从混合色中减去基色，具体取决于哪一个颜色的亮度值更大。与白色混合将反转基色值；与黑色混合则不产生变化，如图 3-156 所示。

图 3-156

·排除：软件会创建一种与"差值"模式相似但对比度更低的效果。与白色混合将反转基色值。与黑色混合则不发生变化，如图 3-157 所示。

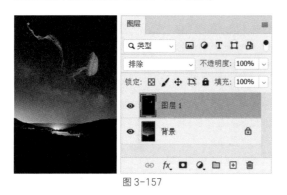

图 3-157

·减去：软件将对上层图像和底层两个层 RGB 值中的每个值分别进行比较，从底层中减去上层图像作为结果色的颜色，如果相减过程中出现负数，RGB 值就算为零，也就直接得到黑色，如图 3-158 所示。

图 3-158

·划分：软件将对上层图像和底层两个层 RGB 值中的每个值分别进行比较，将底层中 RGB 值大于或等于上层图像的颜色确定为白色。将底层中 RGB 值小于上层图像的颜色压暗，最终结果色的效果对比非常强烈，如图 3-159 所示。

图 3-159

❻ 色彩模式组

色彩模式组包括"色相""饱和度""颜色"和"明度"。

·色相：软件只用上层图像的色相值进行着色，而饱和度和亮度值保持不变，即结果色的亮度和饱和度取决于底层，色相取决于上层图像，如图 3-160 所示。

图 3-160

·饱和度：软件只用上层图像的饱和度值进行着色，而色相和亮度值保持不变，即结果色的亮度及色相取决于底层，饱和度取决于上层图像，如图 3-161 所示。

图 3-161

·颜色：软件只用上层图像的色相值与饱和度替换下层图层的色相值和饱和度，而亮度值保持不变，即结果色的亮度取决于底层，色相值与饱和度取决于上层图像，如图 3-162 所示。

图 3-162

·明度：软件只用上层图像的亮度替换底层的亮度，而色相值与饱和度值保持不变，即结果色的色相值与饱和度取决于底层，亮度取决于上层图像，如图 3-163 所示。

图 3-163

图 3-164

本案例讲解如何利用图层样式和图层混合模式制作好看且有质感的口红颜色，最终效果如图 3-164 所示。

（1）打开 Photoshop 软件，执行"文件 > 打开"菜单命令，在弹出的对话框中选择"素材文件 >CH03> 素材 01"文件，效果如图 3-165 所示。

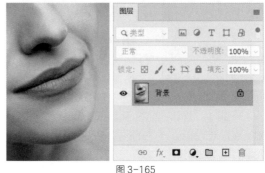

图 3-165

（2）执行"图层 > 新建 > 图层"菜单命令，在弹出的"新建图层"对话框中单击"确定"按钮，创建如图 3-166 所示的图层 1。

图 3-166

（3）先在工具箱单击前景色图标选择如图 3-167 所示的颜色，然后选择"画笔工具"，设置为"柔边圆"，在图像窗口人像嘴唇上涂抹，效果如图 3-168 所示。

图 3-167

3.5 案例练习

3.5.1 课堂案例：给人像涂上好看的口红

实例位置	实例文件 >CH03> 给人像涂上好看的口红 .psd
素材位置	素材文件 >CH03> 素材 01.jpg
视频位置	多媒体教学 >CH03> 给人像涂上好看的口红 .mp4
技术掌握	掌握图层样式和图层混合模式的用法

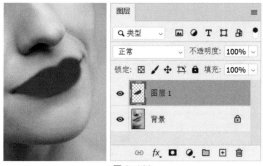

图 3-168

（4）在图层面板将图层 1 的混合模式修改为"正片叠底"，效果如图 3-169 所示。

图 3-169

（5）执行"图层 > 图层样式 > 混合模式"菜单命令，打开"图层样式"对话框，按住 Alt 键，单击混合颜色带中"下一图层"的白色滑块，如图 3-170 所示，调整分开后的两个滑块分别位于 153 和 244 处，透出下层人像的高光部分细节，如图 3-171 所示。

图 3-170

图 3-171

3.5.2 课后案例：制作玻璃水晶文字

实例位置	实例文件 >CH03> 制作玻璃水晶文字 .psd
素材位置	素材文件 >CH03> 素材 02.jpg
视频位置	多媒体教学 >CH03> 制作玻璃水晶文字 .mp4
技术掌握	掌握图层样式的用法

本案例讲解如何为文字添加图层样式，制作出如图 3-172 所示的玻璃水晶文字效果。

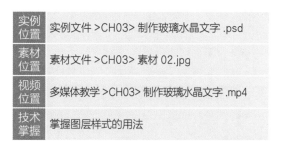

图 3-172

（1）打开 Photoshop 软件，执行"文件 > 打开"菜单命令，在弹出的对话框中选择"素材文件 >CH03> 素材 02"文件，效果如图 3-173 所示。

图 3-173

（2）选择"横排文字工具"，在图像上输入如图 3-174 所示的文字。

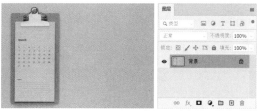

图 3-174

（3）在"图层"面板上，如图 3-175 所示，将文字图层的"填充不透明度"修改为 0%，此时图像窗口中文字图层被隐藏，如图 3-176 所示。

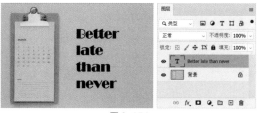

图 3-175

图 3-176

（4）双击文字图层打开图层样式面板，如图 3-177 所示勾选"斜面和浮雕"，"结构"选项中设置"样式"为内切面、"方法"为平滑、"深度"为 100%、"方法"为上、"大小"为 15 像素、软化为 2 像素，"阴影"选项中设置"角度"为 90 度、"高度"为 65 度、"等高线"选择"线性"、"高光模式"为滤色、"阴影模式"为正片叠底，效果如图 3-178 所示。

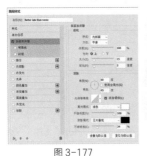

图 3-177　　　　　　　　图 3-178

（5）如图 3-179 所示勾选"等高线"，设置"等高线"为"画圆步骤"、"范围"为 86%，效果如图 3-180 所示。

图 3-179　　　　　　　　图 3-180

（6）勾选"描边"，设置"大小"为 2 像素、"位置"为外部、"混合模式"为"正常"、"不透明度"为 50%、"渐变"为灰－白－灰－白－灰、"样式"为线性、"角度"为 90 度、"缩放"为 85%、"方法"为古典，如图 3-181 所示，效果如图 3-182 所示。

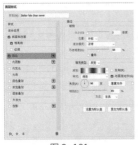

图 3-181　　　　　　　　图 3-182

（7）勾选"内阴影"，设置"混合模式"为"正片叠底"、"不透明度"为 30%、"角度"为 110 度、"距离"为 10 像素、"阻塞"为 25%、"大小"为 20 像素、"等高线"选择"线性"、"杂色"为 0%，如图 3-183 所示，效果如图 3-184 所示。

图 3-183　　　　　　　　图 3-184

（8）勾选"投影"，设置"混合模式"为"正片叠底"、"不透明度"为 15%、"角度"为 95 度、"距离"为 40 像素、"扩展"为 10%、"大小"为 25 像素、"等高线"选择"线性"、"杂色"为 0%，如图 3-185 所示，效果如图 3-186 所示。

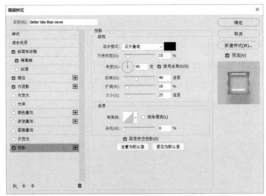

图 3-185

图 3-186

第 4 章

选区

在第 1 章中，我们已经简单了解了选区，它是指一个由封闭虚线围住的区域，可以是正方形、长方形、圆形、植物的形状、动物的形状等规则或者不规则形状。建立选区后，可以对选区内的图像进行复制、删除、移动、替换、生成、扩展、抠图、调色等操作，选区外的区域不受任何影响。使用 AI 插件 Firefly 智能生成填充的基础是要建立选区，所以这章内容讲解了能够创建选区的各种工具和对选区的各种基本操作。

4.1 基本选择工具

Photoshop 提供了很多选择工具和选择命令，它们都有各自的优势和劣势，针对不同的对象，可以使用不同的选择工具。基本选择工具包括"矩形选框工具" □、"椭圆选框工具" ○.、"单行选框工具" ┄、"单列选框工具" ┊.、"套索工具" ○.、"多边形套索工具" ♦.、"磁性套索工具" ♦.、"对象选择工具" ■.、"快速选择工具" ○.、"魔棒工具" ♦.和"图框工具" ⊠。熟练掌握这些基本工具的使用方法，可以快速地选择所需的选区。

4.1.1 选框工具组

选框工具组包括"矩形选框工具" □、"椭圆选框工具" ○.、"单行选框工具" ┄.和"单列选框工具" ┊.，它们的选项栏都是一样的，如图 4-1 所示。

图 4-1

选框工具选项介绍

·新选区 □：激活该按钮以后，可以创建一个新选区，如图 4-2 所示。如果已经存在选区，那么新创建的选区将替代原来的选区。

图 4-2

·添加到选区 □：激活该按钮以后，可以将当前创建的选区添加到原来的选区中（按住 Shift 键也可以实现相同的操作），如图 4-3 所示。

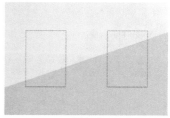
图 4-3

·从选区减去 ♂：激活该按钮以后，可以将当前创建的选区从原来的选区中减去（按住 Alt 键也可以实现相同的操作）。在原有选区上按如图 4-4 所示的红色提示框创建选区，即可得到如图 4-5 所示的效果。

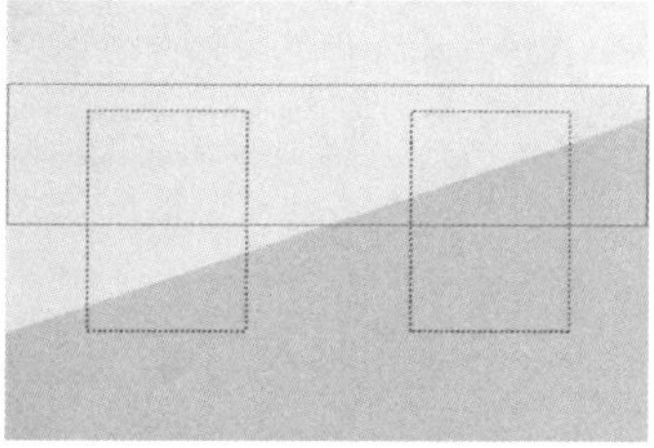

图 4-4 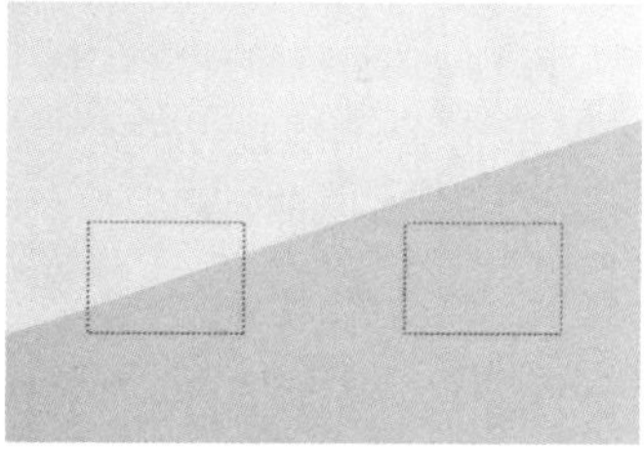　　　　　　　　图 4-5

·与选区交叉 □：激活该按钮以后，新建选区时只保留原有选区与新创建的选区相交的部分（按住快捷键 Alt+Shift 也可以实现相同的操作）。在选区上按如图 4-6 所示红色提示框创建选区，即可得到如图 4-7 所示的效果。

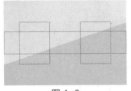

图 4-6   图 4-7

·羽化：让选区内外衔接的部分虚化，起到渐变过渡或者平滑边缘的作用，主要用来设置选区的羽化范围，将同样大小的两个选区"羽化"值分别设置为 0 像素和 50 像素，填充颜色后边界效果如图 4-8 所示。

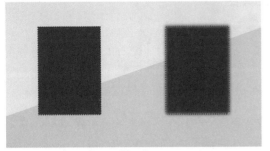

图 4-8

小提示

在羽化选区时，如果提醒选区边不可见，是因为设置的"羽化"数值过大，以至于任何像素都不大于 50% 选择，所以 Photoshop 会弹出一个警告对话框，提醒用户羽化后的选区将不可见（选区仍然存在），如图 4-9 所示。

Adobe Photoshop

⚠ 警告:任何像素都不大于 **50%** 选择。选区边将不可见。

确定

图 4-9

·消除锯齿：只有在使用"椭圆选框工具" ○ 和其他选区工具时"消除锯齿"选项才可用。由于"消除锯齿"只影响边缘像素，因此不会丢失细节，在剪切、拷贝和粘贴选区图像时非常有用。图 4-10 和图 4-11（放大后）分别是勾选与关闭"消除锯齿"选项，填充颜色后图像边缘的效果。

图 4-10   图 4-11

小提示

画幅较小的图像勾选"消除锯齿"与否皆可，但是画幅较大的图像一定要勾选"消除锯齿"，这样的图像即使画幅很大，边缘也较平滑，整体也很清晰。

·样式：用来设置矩形选区的创建方法。当选择"正常"选项时，可以创建任意大小的矩形选区；当选择"固定比例"选项时，可以在右侧的"宽度"和"高度"输入框输入数值，以创建固定比例的选区（例如，设置"宽度"为 1、"高度"为 2，那么创建出来的矩形选区的高度就是宽度的 2 倍）；当选择"固定大小"选项时，可以先在右侧的"宽度"和"高度"输入框中输入数值，然后单击鼠标左键即可创建一个固定大小的选区（单击"高度和宽度互换"按钮可以切换"宽度"和"高度"的数值）。

·选择并遮住：单击该按钮可以打开"选择并遮住"对话框，在该对话框中可以创建选区，并对选区进行平滑、羽化和智能除杂色等处理，如图 4-12 所示。

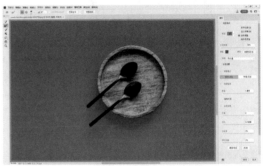

图 4-12

对于形状比较规则的图案（例如圆形、椭圆形、正方形和长方形），就可以使用最简单的"矩形选框工具" □ 或"椭圆选框工具" ○ 进行选择，如图 4-13 和图 4-14 所示。

图 4-13   图 4-14

小提示

由于图 4-15 中的照片是倾斜的，而使用"矩形选框工具" □ 绘制出来的选区是没有倾斜角度的，这时可以执行"选择 > 变换选区"菜单命令，对选区进行旋转或其他调整，如图 4-16 所示。

图 4-15　　　　　　　　　图 4-16

❶ 矩形选框工具

"矩形选框工具"□.主要用来制作矩形选区和正方形选区（按住 Shift 键可以创建正方形选区），在矩形选框工具属性栏输入固定比例为 2 ：4，如图 4-17 所示。例如先对素材创建如图 4-18 所示的长宽比例为 2 ：4 的矩形选区，然后将选区内容复制一层并移动到相框素材上，效果如图 4-19 所示。

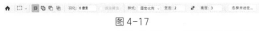

图 4-17

图 4-18　　　　　　　　图 4-19

❷ 椭圆选框工具

"椭圆选框工具"○.主要用来制作椭圆选区和圆形选区（按住 Shift 键可以创建圆形选区），例如先对树叶素材创建一个椭圆选区，如图 4-20 所示，然后将选区内容复制一层并移动到新的背景素材上，如图 4-21 所示。

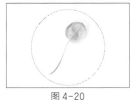

图 4-20　　　　　　　　图 4-21

❸ 单行 / 单列选框工具

使用"单行选框工具"···.和"单列选框工具"┆.，可以在图像中创建网格形选区。首先选择"单行选框工具"···.，并在图像中单击，创建单行选区，然后选择"单列选框工具"┆.，在属性栏中单击"添加到选区"按钮□，在图像中创建单列选区，常用来制作网格效果。为图像添加如图 4-22 所示的单列和单行选区，填充颜色后效果如图 4-23 所示。

图 4-22　　　　　　　　　图 4-23

4.1.2 套索工具组

套索工具组中的工具主要用于获取不规则的图像区域，手动性比较强，可以获得比较复杂的选区。套索工具组主要包含 3 种，即"套索工具"○.、"多边形套索工具"♢.和"磁性套索工具"♢.。

❶ 套索工具

使用"套索工具"○.，可以非常自由地绘制出形状不规则的选区。选择"套索工具"○.以后，在图像上拖曳绘制选区边界，松开鼠标，选区将自动闭合。例如对海洋素材创建如图 4-24 所示的选区，先在上下文任务栏中，单击"创成式填充"命令选项，如图 4-25 所示输入"小岛"的英文"the island"，然后在上下文任务栏中直接单击"生成"选项，等生成的进度条的完成度为 100% 后，即可利用 AI 插件 Firefly 智能生成如图 4-26 所示的效果。

图 4-25

图 4-24　　　　　　　　图 4-26

小提示

当使用"套索工具"○.绘制选区时，如果在绘制过程中按住 Alt 键，松开左键以后（不松开 Alt 键），Photoshop 会自动切换到"多边形套索工具"♢.。

❷ 多边形套索工具

"多边形套索工具"♢.与"套索工具"○.的使用方法类似。"多边形套索工具"适合创建一些转角比较强烈的不规则选区。如图 4-27 所示，用多边形套索工具对素材中的人像创建一个选区，先在上下文任务栏中单击"创成式填充"命令选项，然后在上下文任务栏中，不输入任何文字，直接单击"生成"选项，等生成的进度条的完成度为 100% 后，即可利用 AI 插件 Firefly 智能擦除得到如图 4-28 所示的效果。

图 4-27 　　　　　　　　图 4-28

图 4-32　　　　　　　　图 4-33

・使用绘图板压力以更改钢笔宽度 ：如果计算机配有数位板和压感笔，可以激活该按钮，Photoshop 会根据压感笔的压力自动调节"磁性套索工具" 的检测范围。

小提示

在使用"多边形套索工具" 绘制选区时，按住 Shift 键，可以在水平方向、垂直方向或 45°方向上绘制直线。另外，按 Delete 键可以删除最近绘制的直线。

❸ 磁性套索工具

"磁性套索工具" 可以自动识别对象的边界，特别适合快速选择与背景对比强烈的对象，选项栏如图 4-29 所示。

图 4-29

磁性套索工具选项介绍

・宽度："宽度"值决定了以鼠标指针中心为基准，周围有多少个像素能够被"磁性套索工具" 检测到，如果对象的边缘比较清晰，可以设置较大的值；如果对象的边缘比较模糊，可以设置较小的值，图 4-30 和图 4-31 分别是"宽度"值为 2 像素和 245 像素时检测到的边缘。

小提示

使用"磁性套索工具" 时，套索边界会自动对齐图像的边缘，如图 4-34 所示。当勾选比较复杂的边界时，还可以按住 Alt 键切换到"多边形套索工具" ，以勾选转角比较强烈的边缘，如图 4-35 所示。

图 4-34　　　　　　　　图 4-35

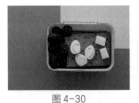

图 4-30　　　　　　　　图 4-31

小提示

在使用"磁性套索工具" 勾画选区时，按住 CapsLock 键，鼠标指针会变成 形状，圆形的大小就是该工具能够检测到的边缘宽度。另外，按 [键和] 键可以调整检测宽度。

・对比度：该选项主要用来设置"磁性套索工具" 感应图像边缘的灵敏度。如果对象的边缘比较清晰，可以将该值设置得高一些；如果对象的边缘比较模糊，可以将该值设置得低一些。

・频率：在使用"磁性套索工具" 勾画选区时，Photoshop 会生成很多锚点，"频率"选项就是用来设置锚点的数量的。数值越高，生成的锚点越多，捕捉到的边缘越准确，但是可能会造成选区不够平滑，图 4-32 和图 4-33 分别是"频率"为 1 和 100 时生成的锚点。

如图 4-36 所示，用磁性套索工具对相框素材创建一个选区，首先执行"选择 > 反选"命令反选选区，然后在上下文任务栏中，单击"创成式填充"命令选项，如图 4-37 所示输入"桌子"的英文"table"，在上下文任务栏中直接单击"生成"选项，等生成的进度条的完成度为 150% 后，即可利用 AI 插件 Firefly 智能生成如图 4-38 所示的效果。

图 4-36 　　　　　　　　图 4-38

图 4-37

4.1.3 自动选择工具组

自动选择工具可以通过识别图像中的颜色，快速绘制选区，包括"对象选择工具" 、"快速选择工具" 和"魔棒工具" 。

❶ 对象选择工具

"对象选择工具" ，可快速在图像中选择素材中的对象，例如人物、动物、天空、山水、建筑物等。只需在对象或区域周围绘制一个矩形区域或套索区域，或者让"对象选择"工具自动检测并选择图像内的对象或区域即可，而且使用"对象选择"工具所建立的选区非常精确，并保留了选区边缘的细节。图 4-39 是它的选项栏。

图 4-39

对象选择工具选项介绍

· 对象查找程序：勾选后，将在"对象查找器"选项旁边看到一个不停旋转的刷新图标。如图 4-40所示，将鼠标悬停在图像上，软件就会自动识别图像中的对象或区域，单击所需对象或区域即可创建选区，如图 4-41 所示。

图 4-40　　　　　　　　图 4-41

· 模式：用于设置"对象选择工具" ，创建选区时的样式。如果不想使用自动选择，可以先关闭选项栏中的对象查找程序，然后在模式中选择矩形或套索。选择"矩形"选项，拖曳鼠标创建选区时可定义对象或区域周围的矩形区域，主要应用于给规则对象或区域创建选区，如图 4-42 所示；选择"套索"选项，拖曳鼠标创建选区时可在对象的边界或区域外绘制一个粗略的形状选区，主要应用于给不规则对象创建选区，如图 4-43 所示。

图 4-42　　　　　　　　图 4-43

· 显示所有对象：选择"显示所有对象" ，可以直接显示素材中的所有对象，如图 4-44 所示。

· 附加选项：在如图 4-45 所示的附加选项中可以启用减去对象、选择对象查找程序模式、选择叠加选项的颜色、轮廓、不透明度等属性。

图 4-44　　　　　　　　图 4-45

· 启用减去对象：减去对象在删除当前对象选区内的背景区域时特别有用。图 4-46 是一个利用对象选择工具创建的选区，但是如图 4-47 所示放大素材后，发现有部分区域需要除去，选择从选区减去 运算后，图 4-48 和图 4-49 分别是没有勾选"减去对象"和勾选"减去对象"后，框选该需要除去的区域得到的选区。

图 4-46　　　　　　　　图 4-47

图 4-48　　　　　　　　图 4-49

· 对所有图层取样：具有多个图层的素材，勾选该属性后，软件会根据所有图层来创建选区。

· 硬化边缘：启用选区边界上的硬边。

选择对象选择工具，单击素材背景创建如图 4-50

所示的选区，首先在上下文任务栏中，单击"创成式填充"命令选项，如图 4-51 所示输入"餐桌"的英文"dining table"，然后在上下文任务栏中直接单击"生成"选项，等生成的进度条的完成度为 100% 后，即可利用 AI 插件 Firefly 智能生成如图 4-52 所示的效果。

图 4-50

图 4-51

图 4-52

❷ 快速选择工具

使用"快速选择工具" 可以利用可调整的圆形笔尖迅速地绘制出选区，当拖曳笔尖时，选取范围不但会向外扩张，而且还可以自动寻找并沿着图像的边缘来描绘边界，选项栏如图 4-53 所示。

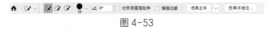
图 4-53

自动选择工具选项介绍

·新选区 ：激活该按钮，可以创建一个新的选区。

·添加到选区 ：激活该按钮，可以在原有选区的基础上添加新创建的选区。

·从选区减去 ：激活该按钮，可以在原有选区的基础上减去当前绘制的选区。

·画笔选择器：单击 按钮，可以在弹出的"画笔"选择器中设置画笔的大小、硬度、间距、角度和圆度，如图 4-54 所示。在绘制选区的过程中，可以按 [键和] 键减小或增大画笔的大小。

图 4-54

·对所有图层取样：当图像含有多个图层时，勾选该属性，将对所有可见图层的图像起作用，不勾选该属性，只对当前选择的图层起作用。

·自动增强：减少选区边界的粗糙度和块效应，优化选区。

·选择主体：选择该属性，创建选区后就会自动优化选区，突出主体。

选择快速选择工具，单击素材中人像的裙子创建如图 4-55 所示的选区，执行"图层 > 新建调整图层 > 色相 / 饱和度"命令，在"新建图层"命令窗口中单击"确定"按钮，打开"色相 / 饱和度"命令窗口，

如图 4-56 调整色相参数，即可得到如图 4-57 所示的紫色效果。

图 4-55

图 4-56

图 4-57

❸ 魔棒工具

"魔棒工具" 不需要描绘出对象的边缘，就能为颜色一致的区域创建选区，在实际工作中的使用频率相当高，选项栏如图 4-58 所示。

图 4-58

魔棒工具选项介绍

·取样大小：用于设置"魔棒工具" 的取样范围。选择"取样点"选项，可以对光标单击位置的像素进行取样；选择"4×4 平均"选项，可以对光标单击位置 4 个像素区域内的平均颜色进行取样，其他的选项也是如此。

·容差：容忍颜色差别的程度，决定所选像素之间的相似性或差异性，其取值范围从 0~255。容差数值越大，被选择图像颜色的跨度就越大，容差数值越小，被选择图像颜色的跨度就越小。图 4-59 是"容差"为 10 时，单击图像上方粉红色区域得到的选区效果，图 4-60 是"容差"为 40 时，单击图像上方粉红色区域得到的选区效果，图 4-61 是"容差"为 80 时，单击图像上方粉红色区域得到的选区效果。

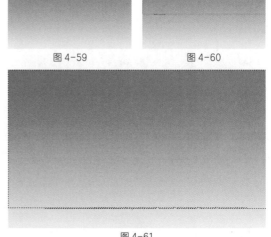
图 4-59　　　　　　　图 4-60

图 4-61

·连续：当勾选该选项时，只选择颜色连接的区域，所创建的选区是连续的，单击图像左上部的绿色即可得到如图 4-62 所示的选区；当关闭该选项时，可以选择与所选像素颜色接近的所有区域，包括没有连接的区域，单击图像左上部的绿色即可得到如图 4-63 所示的选区。

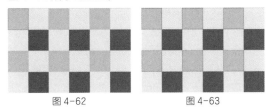

图 4-62　　　　　　　图 4-63

·对所有图层取样：如果文档中包含多个图层，选择"图层 4"，如图 4-64 所示。当勾选该选项后单击图层 4 区域，可以选择所有可见图层上颜色相近的区域，如图 4-65 所示；当关闭该选项后单击图层 4 区域，仅选择当前图层上颜色相近的区域，如图 4-66 所示。

图 4-65

图 4-66

图 4-64

选择魔棒工具，单击素材背景创建如图 4-67 所示的选区，首先在上下文任务栏中，单击"创成式填充"命令选项，如图 4-68 所示输入"海边"的英文"By the sea"，然后在上下文任务栏中直接单击"生成"选项，等生成的进度条的完成度为 100% 后，即可利用 AI 插件 Firefly 智能生成如图 4-69 所示的效果。

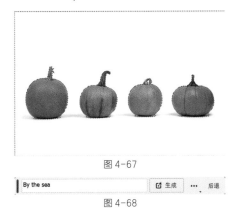

图 4-67

图 4-68

图 4-69

4.1.4　图框工具

使用"图框工具"⊠ 可以创建矩形或椭圆占位符画框，在画册、折页、名片和网页设计等方面，使用非常广泛，选项栏如图 4-70 所示。

图 4-70

图框工具选项介绍

·创建新的矩形画框 ⊠：激活该按钮，可以创建矩形占位符画框。如图 4-71 所示，先创建一个矩形占位符画框，然后置入一个新的素材，即可得到如图 4-72 所示的效果。

图 4-71

图 4-72

·创建新的椭圆画框⊗：激活该按钮，可以创建椭圆占位符画框，使用方法与矩形画框相似。

4.2 选区的基本操作

4.2.1 移动选区

使用"矩形选框工具"□或"椭圆选框工具"○.创建选区后，将鼠标指针放在选区内部拖曳，可以移动选区，如图4-73和图4-74所示。如果要小幅度移动选区，可以在创建完选区以后按键盘上的→、←、↑和↓键来进行移动。

图 4-73

图 4-74

> **小提示**
>
> 在创建完选区以后，如果要移动选区内的图像，可以先按 V 键选择"移动工具"⊕，然后将鼠标指针放在如图4-75所示的选区内，当鼠标指针变成剪刀状▶时，拖曳它即可移动选区内的图像，如图4-76所示。

图 4-75

图 4-76

4.2.2 填充选区

利用"填充"命令可以在当前图层或选区内填充颜色或图案，同时也可以设置填充时的不透明度和混合模式。注意，文字图层和被隐藏的图层不能使用"填充"命令。

执行"编辑 > 填充"菜单命令或按快捷键 Shift+F5，打开"填充"对话框，如图4-77所示。

图 4-77

填充对话框选项介绍

·内容：用来设置填充的内容，包含前景色、背景色、颜色、内容识别、图案、历史记录、黑色、50% 灰色和白色，如图4-78所示是一个电脑屏幕的选区，图4-79是使用图案填充选区后的效果。

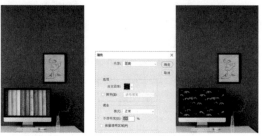
图 4-78 图 4-79

·模式：用来设置填充内容的混合模式，如图4-80所示创建选区，设置"模式"为"色相"后，填充纯色（R:255,G:0,B:255）即可得到如图4-81所示的效果。

图 4-80 图 4-81

·不透明度：用来设置填充内容的不透明度，图4-82是设置"模式"为"色相"、"不透明度"为50%后，填充纯色（R:255，G:0，B:255）的效果。

图 4-82

・保留透明区域：勾选该选项以后，只填充图层中包含像素的区域，而透明区域不会被填充。

4.2.3 全选与反选选区

执行"选择 > 全部"菜单命令或按快捷键 Ctrl+A，可以选择当前文档边界内的所有图像，如图 4-83 所示。全选图像对需要拷贝整个文档的图像非常有用。

图 4-83

创建如图 4-84 所示的选区以后，执行"选择 > 反向选择"菜单命令或按快捷键 Shift+Ctrl+I，可以反选选区，也就是选择图像中没有被选择的部分，如图 4-85 所示。

图 4-84　　　　　　　　图 4-85

小提示
创建选区以后，执行"选择 > 取消选择"菜单命令或快捷键 Ctrl+D，可以取消选区状态。如果要恢复被取消的选区，可以执行"选择 > 重新选择"菜单命令。

4.2.4 隐藏与显示选区

创建选区以后，执行"视图 > 显示 > 选区边缘"菜单命令或按快捷键 Ctrl+H，可以隐藏选区；如果要将隐藏的选区显示出来，可以再次执行"视图 > 显示 > 选区边缘"菜单命令或按快捷键 Ctrl+H。

小提示
隐藏选区后，选区仍然是存在的。

4.2.5 变换选区

先使用"矩形选框工具"创建如图 4-86 所示的选区，然后执行"选择 > 变换选区"菜单命令或按快捷键 Alt+S+T，可以对选区进行如图 4-87 所示的移动操作；图 4-88 和图 4-89 是创建选区后的旋转操作；图 4-90 和图 4-91 是创建选区后的缩放操作。

图 4-86　　　　　　　　图 4-87

图 4-88　　　　　　　　图 4-89

图 4-90　　　　　　　　图 4-91

小提示
在缩放选区时，按住 Shift 键可以等比例缩放选区；按住快捷键 Shift+Alt 可以以中心点为基准点等比例缩放选区。

在选区变换状态下，在画布中单击鼠标右键，还可以选择其他变换方式，如图 4-92 所示。

图 4-92

小提示
选区变换和自由变换基本相同，此处就不重复讲解了，关于选区的变换操作请参考 1.8.2 节中的"自由变换"的相关内容。

4.2.6 修改选区

执行"选择 > 修改"菜单命令，弹出如图 4-93 所示的菜单，使用这些命令可以对选区进行编辑。

| 边界(B)... |
| 平滑(S)... |
| 扩展(E)... |
| 收缩(C)... |
| 羽化(F)... Shift+F6 |

图 4-93

❶ 创建边界选区

先使用"矩形选框工具"创建如图 4-94 所示的选区，然后执行"选择 > 修改 > 边界"菜单命令，可以在弹出的"边界选区"对话框中将选区向两边扩展，扩展后的选区边界将与原来的选区边界形成新的选区，如图 4-95 所示。

图 4-94

图 4-95

❷ 平滑选区

使用"矩形选框工具"创建如图 4-96 所示的选区，执行"选择 > 修改 > 平滑"菜单命令，可以在弹出的"平滑选区"对话框中将选区进行平滑处理，如图 4-97 所示。

图 4-96

图 4-97

❸ 扩展与收缩选区

使用"矩形选框工具"创建如图 4-98 所示的选区，执行"选择 > 修改 > 扩展"菜单命令，可以在弹出的"扩展选区"对话框中将选区向外进行扩展，如图 4-99 所示。

图 4-98

图 4-99

如果要向内收缩选区，可以执行"选择 > 修改 > 收缩"菜单命令，在弹出的"收缩选区"对话框中设置相应的"收缩量"数值即可，如图 4-100 所示。

图 4-100

4.2.7 羽化选区

羽化选区是通过建立选区和选区周围像素之间的转换边界来模糊边缘，这种模糊方式将丢失选区边缘的一些细节。可以先使用选框工具或套索工具等其他选区工具创建出选区，如图 4-101 所示，然后执行"选择 > 修改 > 羽化"菜单命令或按快捷键 Shift+F6，最后在弹出的"羽化选区"对话框中定义选区的"羽化半径"，图 4-102 和图 4-103 分别是设置"羽化半径"为 1 像素和 50 像素后复制选区内容得到的图像效果。

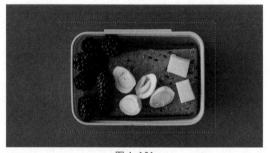

图 4-101

图 4-102

图 4-103

小提示

如果选区较小，而"羽化半径"又设置得很大，Photoshop 会弹出一个警告对话框，如图 4-104 所示。单击"确定"按钮 ![确定] 以后，表示应用当前设置的羽化半径，此时选区可能会变得非常模糊，以至于在画面中观察不到，但是选区仍然存在。

图 4-104

4.3 其他常用选择命令

4.3.1 色彩范围

"色彩范围"命令可根据图像的颜色范围创建选区，与"魔棒工具" ![魔棒] 比较相似，但是该命令提供了更多的控制选项，因此该命令的选择精度也要高一些。

打开一个如图 4-105 所示的素材，执行"选择 > 色彩范围"菜单命令，打开"色彩范围"对话框，如图 4-106 所示。

图 4-105   图 4-106

色彩范围对话框选项介绍

·选择：如图 4-107 所示，用来设置选区的创建方式。在选择"取样颜色"选项时，鼠标指针会变成 ![吸管] 形状，将它放置在画布中的图像上，或在"色彩范围"对话框中的预览图像上单击，可以对颜色进行

取样，如图 4-108 所示；选择"红色""黄色""绿色"和"青色"等选项时，可以选择图像中特定的颜色，如图 4-109 所示的白色部分表示原图中的红色区域；选择"高光""中间调"和"阴影"选项时，可以选择图像中特定的色调，如图 4-110 所示的白色部分表示原图中的阴影区域；选择"肤色"选项时，可以选择与皮肤相近的颜色；选择"溢色"选项时，可以选择图像中出现的溢色，如图 4-111 所示。

图 4-107   图 4-108

图 4-109

图 4-110

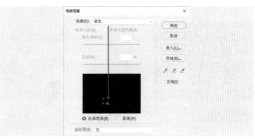

图 4-111

·颜色容差：用来控制颜色的选择范围。选取背景色，分别设置颜色容差数值为 20 和 120 时所选择的颜色范围如图 4-112 和 4-113 的白色部分所示，数值越高，包含的颜色越广；数值越低，包含的颜色越窄。

图 4-112 图 4-113

·选区预览图: 选区预览图下面包含"选择范围"和"图像"两个选项。当勾选"选择范围"选项时,预览区域中的白色代表被选择的区域,黑色代表未选择的区域,灰色代表被部分选择的区域(即有羽化效果的区域),如图 4-114 所示; 当勾选"图像"选项时,预览区内会显示彩色图像,如图 4-115 所示。

图 4-114 图 4-115

打开如图 4-116 所示的素材,执行"选择 > 色彩范围"菜单命令,打开"色彩范围"对话框,选择"取样颜色"选项和"添加到取样"吸管后,多次单击素材背景,直到如图 4-117 所示背景都为白色,确定后即可创建如图 4-118 所示的选区。在上下文任务栏中,单击"创成式填充"命令选项,并输入"天空"的英文"sky",在上下文任务栏中直接单击"生成"选项,等生成的进度条的完成度为 100% 后,即可利用 AI 插件 Firefly 智能生成如图 4-119 所示的效果。

图 4-116 图 4-117

图 4-118 图 4-119

4.3.2 描边选区

使用"描边"命令可以在选区、路径或图层周围创建任何颜色的边框。打开一个素材,并创建如图 4-120 所示的选区,执行"编辑 > 描边"菜单命令或按快捷键 Alt+E+S,打开如图 4-121 所示的"描边"对话框,描边 2 个像素,颜色选择黑色,确定后即可得到如图 4-122 所示的效果。

图 4-120

图 4-121 图 4-122

描边对话框选项介绍

·描边: 该选项组主要用来设置描边的宽度和颜色,图 4-123 和图 4-124 分别是不同"宽度"和"颜色"的描边效果。

图 4-123

图 4-124

·位置: 设置描边相对于选区的位置,包括"内部""居中"和"居外"3 个选项,如图 4-125 ~图 4-127 所示。

图 4-125

图 4-126

图 4-127

·混合：用来设置描边颜色的混合模式和不透明度，如果勾选"保留透明区域"选项，则只对包含像素的区域进行描边。

4.4 案例练习

4.4.1 课堂案例：利用选区智能扩展所需内容

实例位置	实例文件 >CH04> 利用选区智能扩展所需内容 .psd
素材位置	素材文件 >CH04> 素材 01.jpg
视频位置	多媒体教学 >CH04> 利用选区智能扩展所需内容 .mp4
技术掌握	选区、AI 智能扩展填充

本案例主要是针对"选区"和"AI 智能填充"的用法进行练习，创建选区后，利用 AI 智能创建所需内容，效果如图 4-128 所示。

图 4-128

（1）打开 Photoshop 软件，执行"文件 > 打开"菜单命令，在弹出的对话框中选择"素材文件 >CH04> 素材 01.jpg"文件，如图 4-129 所示。

（2）想将铁路换成河流，所以选择"多边形套索工具"，在素材上单击鼠标创建如图 4-130 所示的选区。

图 4-129

图 4-130

（3）在上下文任务栏中，单击"创成式填充"命令选项后，如图 4-131 所示，输入"河流"的英文"river"，在上下文任务栏中直接单击"生成"选项。

图 4-131

（4）等生成的进度条的完成度为 100% 后，即可得到如图 4-132 所示的效果，如果对效果不满意，可以通过"属性面板"在 3 张效果缩略图中进行选择。

图 4-132

4.4.2 课后案例：拯救废弃的素材

实例位置	实例文件 >CH04> 拯救废弃的素材 .psd
素材位置	素材文件 >CH04> 素材 02.jpg
视频位置	多媒体教学 >CH04> 拯救废弃的素材 .mp4
技术掌握	选区、AI 智能扩展填充

本案例主要是针对"选区"和"AI 智能扩展填充"的用法进行练习，对一个废弃的素材进行调整，最终效果如图 4-133 所示。

图 4-133

（1）打开 Photoshop 软件，执行"文件 > 打开"菜单命令，在弹出的对话框中选择"素材文件 >CH04> 素材 02.jpg"文件，效果如图 4-134 所示。

（2）按下快捷键 Ctrl++ 放大图像，选择"套索工具"，在素材上按下鼠标左键绕着人像拖曳一圈，创建如图 4-135 所示的选区。

图 4-134　　　　　　图 4-135

（3）在上下文任务栏中单击"创成式填充"命令选项，上下文任务栏就会变成如图 4-136 所示的命令选项。

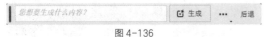

图 4-136

（4）在上下文任务栏中，不输入任何文字，直接单击"生成"选项，图像窗口就会出现如图 4-137 所示的进度条。

图 4-137

（5）等进度条的完成度为 100% 后，即可得到如图 4-138 所示的效果，针对本素材，可以观察到 AI 插件已经对图像中的干扰因素完成了智能擦除。

图 4-138

（6）继续选择"套索工具"，在素材上按下鼠标左键拖曳一圈，创建如图 4-139 所示的选区。

图 4-139

（7）在上下文任务栏中，单击"创成式填充"命令选项后，如图 4-140 所示，输入"湖泊"的英文"lake"，在上下文任务栏中直接单击"生成"选项。

图 4-140

（8）等生成的进度条的完成度为 100% 后，即可得到如图 4-141 所示的效果。

图 4-141

使用 Photoshop 的绘制工具能够绘制插画，还可以自定义画笔，绘制出各种纹理图像，同时也能轻松地美化带有缺陷的照片。

5.1 颜色的设置与填充

使用 Photoshop 的画笔、文字、渐变、填充、蒙版和描边等工具修饰图像时，都需要设置相应的颜色。在 Photoshop 中提供了很多种选取颜色的方法。

图像填充工具主要用来为图像添加装饰效果。Photoshop 提供了两种图像填充工具，分别是"渐变工具"■.和"油漆桶工具" ◇.。

5.1.1 设置前景色与背景色

在 Photoshop "工具箱"的底部有一组前景色和背景色设置按钮，如图 5-1 所示。在默认情况下，前景色为黑色，背景色为白色。

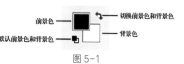

图 5-1

前 / 背景色设置工具介绍

·前景色：单击前景图标，可以在弹出的"拾色器（前景色）"对话框中选取一种颜色作为前景色，如图 5-2 所示。

·背景色：单击背景图标，可以在弹出的"拾色器（背景色）"对话框中选取一种颜色作为背景色，如图 5-3 所示。

图 5-2   图 5-3

·切换前景色和背景色：单击"切换前景色和背景色"图标，可以切换所设置的前景色和背景色（X 键），如图 5-4 所示。

图 5-4

·默认前景色和背景色：单击"默认前景色和背景色"图标可以恢复默认的前景色和背景色（D 键），如图 5-5 所示。

图 5-5

在 Photoshop 中，前景色和背景色通常用于绘制图像、填充和描边选区，如图 5-6 所示的原图，创建两个不同的选区后，分别用前景色和背景色填充即可得到如图 5-7 所示的效果。

图 5-6

图 5-7

小提示

一些特殊滤镜也需要使用前景色和背景色，如"纤维"滤镜和"云彩"滤镜等。

5.1.2 用吸管工具设置颜色

使用"吸管工具"  可以在打开图像的任何位置采集色样来作为前景或背景色（按住 Alt 键可以吸取背景色），如图 5-8 和图 5-9 所示，其属性栏如图 5-10 所示。

图 5-8   图 5-9

图 5-10

吸管工具选项介绍

·取样大小：设置吸管取样范围的大小。选择"取样点"选项时，可以选择像素的精确颜色；选择"3×3平均"选项时，可以选择所在位置 3 个像素区域以内的平均颜色；选择"5×5平均"选项时，可以选择所在位置 5 个像素区域以内的平均颜色。其他选项以此类推。

·样本：可以从"当前图层""当前和下方图层""所有图层""所有无调整图层"和"当前和下一个无调整图层"中采集颜色。

·显示取样环：勾选该选项以后，可以在拾取颜色时显示取样环，如图 5-11 所示。

图 5-11

小提示

在默认情况下，"显示取样环"选项处于不可用状态，需要启用"使用图形处理器"功能才能勾选"显示取样环"选项。执行"编辑 > 首选项 > 性能"菜单命令，打开"首选项"对话框，在"图形处理器设置"选项组下勾选"使用图形处理器"选项，如图 5-12 所示。开启"使用图形处理器"功能后，重启 Photoshop 就可以勾选"显示取样环"选项了。

图 5-12

5.1.3 渐变工具

使用"渐变工具" 可以在整个文档或选区内填充渐变色，并且可以创建多种颜色间的混合效果，其属性栏如图 5-13 所示。"渐变工具" 的应用非常广泛，它不仅可以填充图像，还可以用来填充图层蒙版、快速蒙版和通道等，是使用频率最高的工具之一。新版本 Photoshop 软件中，渐变功能已得到显著改进，它引入了新的渐变控件和实时预览，可以对渐变以非破坏性的方式进行编辑，从而加快了工作流程。

图 5-13

渐变工具选项介绍

·渐变方式：渐变功能是默认功能（无须执行任何操作，除非需要经典渐变）。如图 5-14 所示，用户可以选取非破坏性的渐变模式（在"图层"面板添加一个调整图层），或选择破坏性经典渐变模式（在原图上直接操作）。

图 5-14

·选择和管理渐变预设
：显示了当前的渐变颜色，单击右侧的图标
，可以打开"渐变"拾色器，如图 5-15 所示。

图 5-15

小提示

在"经典渐变"方式下，如果直接单击"点按可编辑渐变"按钮，则会弹出"渐变编辑器"对话框，在该对话框中可以编辑渐变颜色，或者保存渐变等，如图 5-16 所示。

图 5-16

·渐变类型：在属性栏选择一个如图 5-17 所示的彩虹色渐变后，激活"线性渐变"按钮，可以以直线方式创建从起点到终点的渐变，如图 5-18 所示；激活"径向渐变"按钮，可以以圆形方式创建从起点到终点的渐变，如图 5-19 所示；激活"角度渐变"按钮，可以创建围绕起点以逆时针扫描方式的渐变，如图 5-20 所示；激活"对称渐变"按钮，可以使用均衡的线性渐变在起点的任意一侧创建渐变，如图 5-21 所示；激活"菱形渐变"按钮，可以以菱形方式从起点向外产生渐变，终点定义菱形的一个角，如图 5-22 所示。

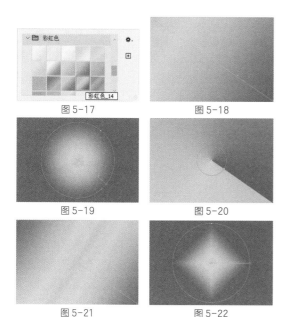

图 5-17 图 5-18

图 5-19 图 5-20

图 5-21 图 5-22

小提示

可以通过渐变控件，随时调整已经添加的渐变，而且调整过程中渐变效果是可以实时预览的。如图 5-23 所示，在素材上拖出一个渐变。拖曳时，用户可以更改渐变的角度和长度，如果中途松开拖曳，用户可以返回并通过再次单击和拖曳此控件来更改长度和角度。通过单击并拖曳控件中的菱形图标来更改色标之间的中点。选择色标圆圈并拖离渐变线，可移除画布构件上的色标。在渐变画布上，双击色标（圆形区域）以使用拾色器更改颜色。效果如图 5-24 所示。

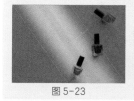

图 5-23  图 5-24

·反向：转换渐变中的颜色顺序，得到反方向的渐变结果，图 5-25 和图 5-26 分别是正常渐变和反向渐变效果。

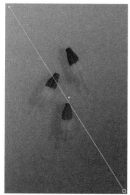 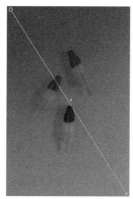

图 5-25 图 5-26

小提示

需要注意的是，"渐变工具" ■.不能用于位图或索引颜色图像。在切换颜色模式时，有些方式观察不到任何渐变效果，此时就需要将图像再切换到可用模式下进行操作。

在使用渐变工具的过程中，可以随时在如图 5-27 所示的"属性"面板中调整渐变的预设、样式、角度、缩放、类型、方法、平滑度、色相以及不透明度等属性。

图 5-27

5.1.4 油漆桶工具

使用"油漆桶工具" ◇.可以在图像中填充前景色或图案，其属性栏如图 5-28 所示。如果创建了选区，填充的区域为当前选区；如果没有创建选区，填充的就是与鼠标单击处颜色相近的区域。

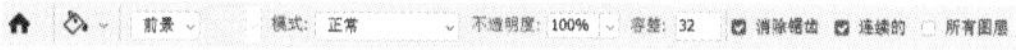

图 5-28

油漆桶工具选项介绍

·设置填充区域的源：选择填充的模式，包含"前景"和"图案"两种模式。

·模式：用来设置填充内容的混合模式。

·不透明度：用来设置填充内容的不透明度。

·容差：用来定义必须填充像素的颜色的相似程度。设置较低的"容差"值会填充颜色范围内与鼠标单击处像素非常相似的像素；设置较高的"容差"值会填充更大范围的像素。

·消除锯齿：平滑填充选区的边缘。

·连续的：勾选该选项后，只填充图像中处于连续范围内的区域；关闭该选项后，可以填充图像中的所有相似像素。

·所有图层：勾选该选项后，可以对所有可见图层中的合并颜色数据填充像素；关闭该选项后，仅填充当前选择的图层。

打开如图 5-29 所示的素材，选择"油漆桶工具"，先在如图 5-30 所示的属性栏中设置前景色为 ffc291，容差为 100，然后在图像窗口单击蓝色背景，即可将背景蓝色部分替换成如图 5-31 所示的效果。

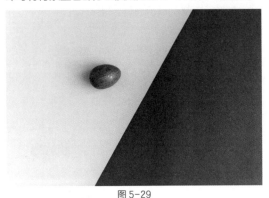

图 5-29

图 5-30

图 5-31

5.2 画笔工具组

Photoshop 中的画笔工具组包括"画笔工具" ✐、"铅笔工具" ✐、"颜色替换工具" ✐ 和"混合器画笔工具" ✐。

5.2.1 画笔设置面板

在认识其他绘制工具及修饰工具之前要掌握"画笔设置"面板。"画笔设置"面板是最重要的面板之一，它可以设置绘画工具、修饰工具的笔刷种类、画笔大小和硬度等属性。

打开"画笔设置"面板的方法主要有以下 3 种。

第 1 种：在"工具箱"中选择"画笔工具"，在属性栏中单击"切换画笔面板"按钮。

第 2 种：执行"窗口 > 画笔设置"菜单命令。

第 3 种：按 F5 键。

打开的"画笔设置"面板，如图 5-32 所示。

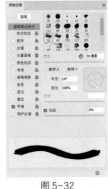

图 5-32

画笔设置面板选项介绍

· 画笔 画笔：单击该按钮，可以打开"画笔"面板。

· 启用 / 关闭选项：处于勾选状态的选项代表启用状态；处于未勾选状态的选项代表关闭状态。

· 锁定 🔒 / 未锁定 🔓：图标 🔒 代表该选项处于锁定状态；图标 🔓 代表该选项处于未锁定状态。锁定与解锁操作可以相互切换。

· 选中的画笔笔尖：显示处于选择状态的画笔笔尖。

· 画笔笔尖：显示 Photoshop 提供的预设画笔笔尖。

· 面板菜单：单击 ≡ 图标，可以打开"画笔"面板的菜单。

· 画笔选项参数：用来设置画笔的相关参数。

· 画笔描边预览：选择一个画笔以后，可以在预览框中预览该画笔的外观形状。

· 切换实时笔尖画笔预览 ✐：使用毛刷笔尖时，在画布中实时显示笔尖的形状。

· 创建新画笔 ⊞：将当前设置的画笔保存为一个新的预设画笔。

5.2.2 画笔工具

"画笔工具" ✐ 可以使用前景色绘制具有画笔特性的线条或图像，同时也可以利用它来修改通道和蒙版，是使用频率最高的工具之一，其属性栏如图 5-33 所示。

图 5-33

画笔工具选项介绍

· 画笔预设选取器：单击图标，可以打开"画笔预设"选取器，如图 5-34 所示，在这里面可以选择样式、设置画笔的"大小"和"硬度"，画笔大小决定画笔笔触的大小，图 5-35 为不同半径的画笔绘制的线段；画笔样式决定画笔笔触的形状，需要注意的是，画笔可以是任何形状，如圆、方块、帆船、白云、星空、飞鸟和花朵等，图 5-36 为几种简单的画笔样式；画笔硬度决定画笔边缘的锐利程度，硬度越大边缘越锐利，图 5-37 是相同大小的画笔，硬度从上到下依次为 100%、70%、50% 和 20% 的绘制效果。

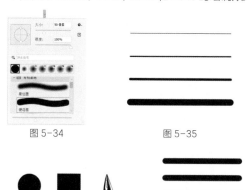

图 5-34　　　　　　　图 5-35

图 5-36　　　　　　　图 5-37

· 切换画笔设置面板：单击该按钮，可以打开"画笔设置" 面板。

· 模式：设置绘画颜色与下面现有像素的混合方法，图 5-38 和图 5-39 分别是使用"正片叠底"模式和"叠加"模式绘制的笔迹效果。

图 5-38　　　　　　　图 5-39

· 不透明度：决定画笔绘制内容整体颜色的浓度，数值越大，笔迹的不透明度越高；数值越小，笔迹的不透明度越低。图 5-40 是相同大小的画笔，不透明度从上到下依次为 100%、70%、50% 和 20% 的绘制效果。

· 流量：决定画笔颜色的喷出浓度。图 5-41 是相同大小的画笔，流量从上到下依次为 100%、70%、50% 和 20% 的绘制效果。

图 5-40　　　　　　　图 5-41

· 启用喷枪样式的建立效果 ：激活该按钮以后，可以启用"喷枪"功能，Photoshop 会根据左键的单击程度来确定画笔笔迹的填充数量。例如，关闭"喷枪"功能时，每单击一次只会绘制一个笔迹；而启用"喷枪"功能以后，按住左键不放，即可持续绘制笔迹。

· 画笔颜色：由前景色决定画笔的颜色。图 5-42 是大小相同的画笔，颜色从左到右依次为红色、绿色、青色和品红色的笔迹效果。

图 5-42

小提示

"画笔工具" 非常重要，这里总结一下在使用该工具绘画时的 5 点技巧。

第 1 点：在英文输入法状态下，可以按 [键和] 键来减小或增大画笔笔尖的"大小"值。

第 2 点：按快捷键 Shift+[和 Shift+] 可以减小和增大画笔的"硬度"值。

第 3 点：按数字键 1~9 来快速调整画笔的"不透明度"，数字 1~9 分别代表 10%~90% 的"不透明度"。如果要设置 100% 的"不透明度"，可以直接按 0 键。

第 4 点：按住 Shift+1~9 的数字键可以快速设置"流量"值。

第 5 点：按住 Shift 键可以绘制出水平或垂直的直线，或是以 55° 为增量的直线。

· 始终对大小使用压力 ：使用压感笔压力可以覆盖"画笔"面板中的"不透明度"和"大小"设置。

小提示

如果使用数位板绘画，则可以在"画笔"面板和属性栏中通过设置钢笔压力、角度、旋转或光笔轮来控制应用颜色的方式。

5.2.3　颜色替换工具

使用"颜色替换工具" 可以将选定的颜色替换为其他颜色，其属性栏如图 5-43 所示。

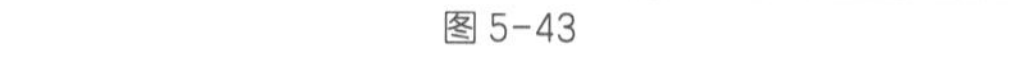

图 5-43

颜色替换工具选项介绍

·模式：选择替换颜色的模式，包括"色相""饱和度""颜色"和"明度"。当选择"颜色"模式时，可以同时替换色相、饱和度和明度。如图 5-44 所示的素材，分别用"色相"和"明度"模式绘制的替换效果如图 5-45 和图 5-46 所示（前景色 fe4141）。

图 5-44

图 5-45

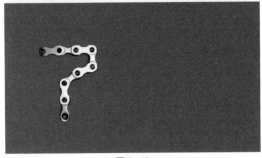
图 5-46

·取样：用来设置颜色的取样方式。激活"取样：连续"按钮 ，在拖曳鼠标时，可以更改整个图像的颜色；激活"取样：一次"按钮 ，只替换包含第一次单击的颜色区域中的目标颜色；激活"取样：背景色板"按钮 ，只替换包含当前背景色的区域。

·限制：当选择"不连续"选项时，可以替换出现在光标下任何位置的样本颜色；当选择"连续"选项时，只替换与光标下的颜色接近的颜色；当选择"查找边缘"选项时，可以替换包含样本颜色的连接区域，同时保留形状边缘的锐化程度。

·容差：用来设置"颜色替换工具" 的容差，图 5-47 是原图，图 5-48 和图 5-49 分别是"容差"为 25% 和 50% 时的颜色替换效果。

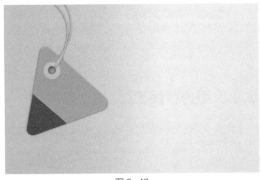
图 5-47

图 5-48

图 5-49

·消除锯齿：勾选该项以后，可以消除颜色替换区域的锯齿效果，从而使图像变得平滑。

5.3 图像修复工具组

在通常情况下，拍摄出的数码照片经常会出现各种缺陷，使用 Photoshop 的图像修复工具可以轻松地将带有缺陷的照片修复成靓丽照片。修复工具包括"仿制图章工具" 、"图案图章工具" 、"污点修复画笔工具" 、"移除工具" 、"修复画笔工具" 、"修补工具" 、"内容感知移动工具" 和"红眼工具" 等，下面着重介绍几种常用的工具。

5.3.1 仿制图章工具

"仿制图章工具" 通过使用图像另一部分的像素来替换所选区域像素进行绘画。使用"仿制图章工具"可以复制素材中的对象，也可以消除图像中的斑点、杂物、瑕疵或填补图片空缺。如图 5-50 所示，要求利用"仿制图章工具"在图像的右侧复制一份茅草。

图 5-50

操作时，先选择"仿制图章工具"，在其属性栏设置画笔大小为 1000 像素，形状为柔边圆，然后在图像窗口如图 5-51 所示的位置，按住 Alt 键并单击确定仿制源，最后在素材右侧单击或涂抹，即可得到如图 5-52 所示的效果，多次单击，并灵活设置画笔大小，即可得到如图 5-53 所示的效果。

图 5-51　　　　　　　　图 5-52

图 5-53

仿制图章工具属性栏如图 5-54 所示。

每次拖曳后松开左键再拖曳，都会接着上次未复制完成的图像修复目标，即取样点会随着拖曳范围的改变而相对改变。图 5-58 为原图，以左上角的小碗为仿制源，选择"对齐"后，在素材右侧连续单击即可得到如图 5-59 所示的仿制效果，如果不选择"对齐"，在右侧连续单击即可得到如图 5-60 所示的仿制效果。

图 5-54

仿制图章工具选项介绍

·**仿制源** ▣：复制内容的源头，使用时需按住 Alt 键在图像的某个位置单击设置取样点。图 5-55 为原图，如果以左边的眼镜为仿制源，可以得到如图 5-56 所示的仿制效果，如果以右边的小汽车为仿制源，则可以得到如图 5-57 所示的仿制效果。

图 5-55　　　　　　　　图 5-56

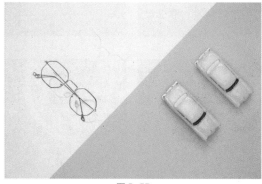

图 5-57

·**对齐**：不选该复选框时，每次拖曳后松开左键再拖曳，都是以按住 Alt 键选择的同一个样本区域修复目标，也就是说取样点固定不变。而选该复选框时，

图 5-58　　　　　　　　图 5-59

图 5-60

·**样本**：选择"使用所有图层"可以从所有可见图层取样，选择"当前图层"只能从当前图层取样，选择"当前和下方图层"会从当前和下方两个图层取样。

5.3.2 图案图章工具

"图案图章工具" ✱.可以创建图案或者选择软件自带的图案进行绘画。如图 5-61 所示，要求利用"图案图章工具"将图像中的电脑屏幕替换成软件自带的草坪图案。

选择"多边形套索工具"，创建如图 5-62 所示的选区。

图 5-61　　　　　　　　图 5-62

先选择"图案图章工具"，如图 5-63 所示，在其属性栏设置画笔大小为 1000 像素，形状为柔边圆，图案拾色器中选择"草"图案，然后在图像窗口屏幕位置单击或者涂抹，最后按下快捷键 Ctrl+D 取消选区，效果如图 5-64 所示。

图 5-63

图 5-64

图案图章工具属性栏如图 5-65 所示。

图 5-65

· 图案拾色器 ：用来设置修复图像时使用的图案。如图 5-66 所示，可以使用软件自带的树、草和水滴图案，也可以通过右上角的"设置"按钮载入新画笔。

图 5-66

5.3.3 污点修复画笔工具

"污点修复画笔工具" 可以消除图像中的污点和对象。有如图 5-67 所示的图像素材，因为画面右下角的花朵对构图有一定的影响（视为污点），所以选择污点修复画笔工具调整好画笔大小对它进行涂抹，即可得到如图 5-68 所示的效果。

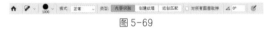

图 5-67   图 5-68

"污点修复画笔工具"不需要设置取样点，因为它可以自动从所修饰区域的周围进行取样，其属性栏如图 5-69 所示。

图 5-69

污点修复画笔工具选项介绍

模式：用来设置修复图像时使用的混合模式。除了"正常"和"正片叠底"等常用模式，还有一个"替换"模式，该模式可以保留画笔描边的边缘处的杂色、胶片颗粒和纹理。图 5-70 为原始图像，用"污点修复画笔工具"涂抹右下角的筷子，图 5-71~图 5-77

分别是正常模式、正片叠底模式、滤色模式、变暗模式、变亮模式、颜色模式和明度模式。

图 5-70   图 5-71

图 5-72   图 5-73

图 5-74   图 5-75

图 5-76   图 5-77

·类型：用来设置修复的方法。图 5-78 为原图，选择"内容识别"选项，可以使用选区周围的像素进行修复，如图 5-79 所示；选择"创建纹理"选项，可以使用选区中的所有像素创建一个用于修复该区域的纹理，如图 5-80 所示；选择"近似匹配"选项，可以使用选区边缘的像素来查找要用作选定区域修补的图像区域，如图 5-81 所示。

图 5-78

图 5-79

图 5-80

图 5-81

5.3.4 移除工具

"移除工具" ✦.可以轻松移除对象、人物和瑕疵等干扰因素或不需要的区域。只需轻刷不需要的对象即可将其去除，并自动填充背景，同时保留对象的完整性以及复杂多样背景中的深度，在移除较大对象并顾及对象之间的边界时，移除工具尤其强大。例如，使用移除工具对如图 5-82 所示图像素材中的房屋进行涂抹移除，即可得到如图 5-83 所示的效果。

图 5-82

图 5-83

"移除工具"属性栏如图 5-84 所示。

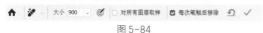
图 5-84

移除工具选项介绍

·大小：使用选项栏中的大小字段选择画笔大

小。如果要用一个笔触覆盖整个区域，则画笔大小应比要修复的区域略大。

·压力按钮：选择后对大小使用压力按钮，允许使用触笔的压力来更改画笔大小。

·对所有图层取样：打开对所有图层取样，可以从所有可见图层中对数据进行采样。

> **小提示**
>
> 可以先创建并选择新图层，然后打开对所有图层取样，这样可以实现非破坏性编辑。

·每次笔触后移除：关闭每次笔触后移除，以便在应用填充之前允许画笔进行多次描边。对大面积或复杂区域使用多个笔触。保持每次笔触后移除处于启用状态，以便在完成单个描边后立即应用填充。

5.3.5 修复画笔工具

"修复画笔工具" ✐.可以校正图像的瑕疵，与"仿制图章工具"一样，"修复画笔工具"也可以用图像中的一部分的像素作为样本进行绘制来修复瑕疵。但是，"修复画笔工具"还可将样本像素的纹理、光照、透明度和阴影与所修复的像素进行匹配，从而使修复后的像素不留痕迹地融入图像的其他部分，如图 5-85 和图 5-86 所示，其属性栏如图 5-87 所示。

图 5-85

图 5-86

图 5-87

修复画笔工具选项介绍

·源：设置用于修复像素的源。选择"取样"选项时，可以使用当前图像的像素来修复图像；选择"图案"选项时，可以使用某个图案作为取样点。

·对齐：勾选该选项以后，可以连续对像素进行取样，即使松开鼠标也不会丢失当前的取样点；关闭该选项以后，则会在每次停止并重新开始绘制时使用初始取样点中的样本像素。

5.3.6 修补工具

"修补工具" 🩹 可以利用样本或图案来替换所选区域像素。如图 5-88 所示，选择"修补工具"，先对图像中需要修补的树叶部分创建选区，然后将选区移动到干净的素材区域，即可将选区中的树叶替换成背景像素，效果如图 5-89 所示，其属性栏如图 5-90 所示。

| 图 5-88 | 图 5-89 |

图 5-90

修补工具选项介绍

· 修补：包含"正常"和"内容识别"两种方式。

正常：图 5-91 为原图，创建选区以后，选择后面的"源"选项，将选区拖曳到要修补的区域，松开左键就会用当前选区中的图像修补原来选中的内容，如图 5-92 所示；选择"目标"选项时，则会将选中的图像复制到目标区域，如图 5-93 所示。

| 图 5-91 | 图 5-92 |

图 5-93

内容识别：选择这种修补方式以后，可以在如图 5-94 所示的属性栏的"结构"和"颜色"属性中选择数值来设置修复精度，为图 5-95 所示的原图设置"结构"为 1 和 7，修补效果分别如图 5-96 和图 5-97 所示。

图 5-94

| 图 5-95 | 图 5-96 |

图 5-97

5.3.7 内容感知移动工具

"内容感知移动工具" ✂ 可以将选中的对象移动或复制到图像的其他地方，并重组新的图像，其属性栏如图 5-98 所示。

图 5-98

内容感知移动工具选项介绍

· 模式：包含"移动"和"扩展"两种模式。

移动：用"内容感知移动工具"创建选区以后，如图 5-99 所示，将选区移动到其他位置，可以将选区中的图像移动到新位置，并用选区图像填充该位置，如图 5-100 和图 5-101 所示。

图 5-99

图 5-100

图 5-101

扩展：用"内容感知移动工具"创建选区以后，将选区移动到其他位置，可以将选区中的图像复制到新位置，如图 5-102 和图 5-103 所示。

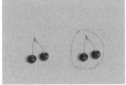

图 5-102

图 5-103

·适应：用于选择修复的精度。

5.3.8 红眼工具

使用"红眼工具" 🔴.可以去除由闪光灯导致的红色反光。如图 5-104 所示，选择"红眼工具"，在动物红眼区域单击，效果如图 5-105 所示，其属性栏如图 5-106 所示。

图 5-104

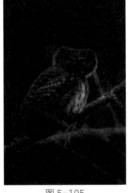

图 5-105

图 5-106

红眼工具选项介绍

·瞳孔大小：用来设置瞳孔的大小，即眼睛暗色中心的大小。

·变暗量：用来设置瞳孔的暗度。

> **小提示**
>
> "红眼"是由于相机闪光灯在主体视网膜上反光引起的。在光线较暗的环境中照相时，由于主体的虹膜张得很宽，经常会出现"红眼"现象。为了避免出现红眼，除了可以在 Photoshop 中进行矫正，还可以使用相机的红眼消除功能来消除红眼。

5.4 图像擦除工具组

图像擦除工具主要用来擦除多余的图像。Photoshop 提供了 3 种擦除工具，分别是"橡皮擦工具" 🔳.、"背景橡皮擦工具" 🔳.和"魔术橡皮擦工具" 🔳.。

5.4.1 橡皮擦工具

使用"橡皮擦工具" 🔳.可以将像素更改为背景色或透明，其属性栏如图 5-107 所示。如果使用该工具在"背景"图层或锁定了透明像素的图层中进行擦除，则擦除的像素将变成背景色，图 5-108 为原图，在擦除右半部分后效果如图 5-109 所示；如果在普通图层中进行擦除，则擦除的像素将变成透明，图 5-110 为原图，在擦除右半部分后效果如图 5-111 所示。

图 5-107

图 5-108

图 5-109

图 5-110

图 5-111

橡皮擦工具选项介绍

·模式：选择橡皮擦的种类。图 5-112 为原图，选择"画笔"选项，创建柔边（也可以创建硬边）擦除效果，如图 5-113 所示；选择"铅笔"选项，创建硬边擦除效果，如图 5-114 所示；选择"块"选项，擦除的效果为块状，如图 5-115 所示。

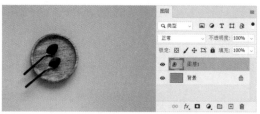

图 5-112

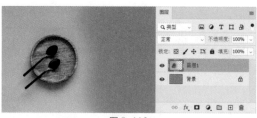

图 5-113

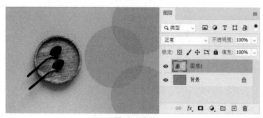

图 5-114

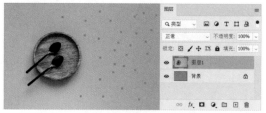

图 5-115

·不透明度：用来设置"橡皮擦工具"的擦除强度。设置为 100% 时，可以完全擦除像素。当设置"模式"为"块"时，该选项不可用。

·流量：用来设置"橡皮擦工具"的擦除速度。

·抹到历史记录：勾选该选项以后，"橡皮擦工具"的作用相当于"历史记录画笔工具"。

5.4.2 背景橡皮擦工具

"背景橡皮擦工具" ❤️.是一种智能化的橡皮擦。设置好背景色以后，使用该工具可以在抹除背景的同时保留前景对象的边缘，如图 5-116 和图 5-117 所示，其属性栏如图 5-118 所示。

图 5-116

图 5-117

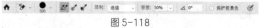

图 5-118

背景橡皮擦工具选项介绍

·取样：用来设置取样的方式。如图 5-119 所示，激活"取样：连续"按钮 ❤️，在拖曳鼠标时可以连续对颜色进行取样，凡是出现在光标中心十字线以内的图像都将被擦除，如图 5-120 所示；激活"取样：一次"按钮 ❤️，只擦除包含第 1 次单击处颜色的图像，如图 5-121 所示；激活"取样：背景色板"按钮 ✍，只擦除包含背景色的图像，如图 5-122 所示。

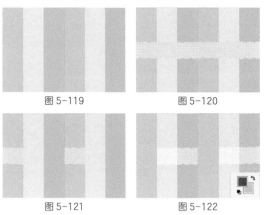

图 5-119　　　　　　图 5-120

图 5-121　　　　　　图 5-122

·限制：设置擦除图像时的限制模式。选择"不连续"选项时，可以擦除出现在光标下任何位置的样本颜色；选择"连续"选项时，只擦除包含样本颜色并且相互连接的区域；选择"查找边缘"选项时，可以擦除包含样本颜色的连接区域，同时更好地保留形状边缘的锐化程度。

·容差：用来设置颜色的容差范围。

·保护前景色：勾选该选项，可以防止擦除与前景色匹配的区域。

> **小提示**
>
> "背景橡皮擦工具" ✍ 的功能非常强大，除了可以使用它来擦除图像，最重要的方面是运用在抠图中。

5.4.3　魔术橡皮擦工具

使用"魔术橡皮擦工具" ✍，可以将所有相似的像素改为透明（如果在已锁定了透明像素的图层中工作，这些像素将更改为背景色），如图 5-123 和图 5-124 所示，其属性栏如图 5-125 所示。

图 5-123

图 5-124

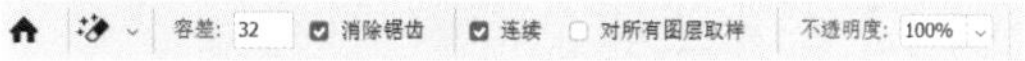

图 5-125

魔术橡皮擦工具选项介绍

·容差：用来设置可擦除的颜色范围。

·消除锯齿：可以使擦除区域的边缘变得平滑。

·连续：勾选该选项时，只擦除与单击点像素邻近的像素；关闭该选项时，可以擦除图像中所有相似的像素。

·不透明度：用来设置擦除的强度。不透明度为100% 时，将完全擦除像素；较低的值可以擦除部分像素。

5.5　图像润饰工具组

使用"模糊工具" ◌、"锐化工具" △ 和"涂抹工具" ✍ 可以对图像进行模糊、锐化和涂抹处理；使用"减淡工具" ✎、"加深工具" ◉ 和"海绵工具" ◉ 可以对图像局部的明暗、饱和度等进行处理。

5.5.1　模糊工具

使用"模糊工具" ◌ 可柔化硬边缘或减少图像中的细节，使用该工具在某个区域上方绘制的次数越多，该区域就越模糊。如图 5-126 所示，使用"模糊工具"涂抹素材中的蜻蜓，得到如图 5-127 所示模糊后的效果，其属性栏如图 5-128 所示。

图 5-126　　　　　　图 5-127

图 5-128

模糊工具选项介绍

·模式：用来设置"模糊工具"的混合模式，包括"正常""变暗""变亮""色相""饱和度""颜色"和"明度"。

·强度：用来设置"模糊工具"的模糊强度。

5.5.2 锐化工具

"锐化工具" ▲ 可以增强图像中相邻像素之间的对比，以提高图像的清晰度，如图 5-129 所示，使用"锐化工具"涂抹图像，得到如图 5-130 所示锐化后的效果，其属性栏如图 5-131 所示。

图 5-129   图 5-130

图 5-131

小提示

"锐化工具"的属性栏只比"模糊工具"多一个"保护细节"选项。勾选该选项后，在进行锐化处理时，保护图像的细节。

5.5.3 涂抹工具

使用"涂抹工具" 🖐 可以模拟手指划过湿油漆时所产生的效果，如图 5-132 所示，使用"涂抹工具"涂抹素材上的颜料，效果如图 5-133 所示。该工具可以拾取鼠标单击处的颜色，并沿着拖曳的方向展开这种颜色，其属性栏如图 5-134 所示。

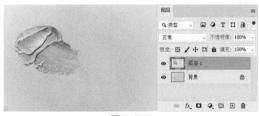

图 5-132

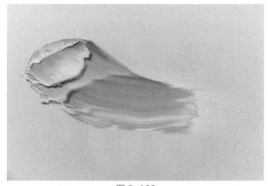

图 5-133

图 5-134

涂抹工具选项介绍

·强度：用来设置"涂抹工具" 🖐 的涂抹强度。

·手指绘画：勾选该选项后，可以使用前景颜色进行涂抹绘制。

5.5.4 减淡工具

使用"减淡工具" 🖊 可以对图像进行减淡处理，在某个区域上方绘制的次数越多，该区域就会变得越亮。如图 5-135 所示，使用"减淡工具"涂抹图像中的鸟蛋，得到如图 5-136 所示的效果，其属性栏如图 5-137 所示。

图 5-135   图 5-136

图 5-137

减淡工具选项介绍

·范围：选择要修改的色调。如图 5-138 所示，选择"中间调"选项时，可以更改灰色的中间范围，效果如图 5-139 所示；选择"阴影"选项时，可以更改暗部区域，效果如图 5-140 所示；选择"高光"选项时，可以更改亮部区域，效果如图 5-141 所示。

图 5-138　　　　　　　图 5-139

图 5-140　　　　　　　图 5-141

·曝光度：可以为"减淡工具"指定曝光。数值越高，效果越明显。

·保护色调：可以保护图像的色调不受影响。

5.5.5 加深工具

"加深工具" 和"减淡工具" 的原理相同，但效果相反，它可以降低图像的亮度，通过加暗来校正图像的曝光度，在某个区域上方绘制的次数越多，该区域就越暗。如图 5-142 所示，通过"加深工具"涂抹右边的果肉，即可得到如图 5-143 所示的效果，其属性栏如图 5-144 所示。

图 5-142

图 5-143

♠ ⊙ ∨ ● ∨ ◪ 范围: 高光 ∨ 曝光度: 50% ∨ ◪ △ 0° ☑ 保护色调 ◪

图 5-144

5.5.6 海绵工具

使用"海绵工具" ，可以精确地更改图像某个区域的色彩饱和度，其属性栏如图 5-145 所示。如果是灰度图像，该工具将通过灰阶远离或靠近中间灰色来增加或降低对比度。

♠ ● ∨ ● ∨ ◪ 模式: 去色 ∨ 流量: 50% ∨ ◪ △ 0° ☑ 自然饱和度 ◪

图 5-145

海绵工具选项介绍

·模式：如图 5-146 所示的素材，选择"加色"选项，可以增加色彩的饱和度，效果如图 5-147 所示；选择"去色"选项，可以降低色彩的饱和度，效果如图 5-148 所示。

图 5-146　　　图 5-147　　　图 5-148

·流量：为"海绵工具"指定流量。数值越高，"海绵工具"的强度越大，效果越明显。图 5-149 为原图，图 5-150 和图 5-151 分别是选择"去色"选项，"流量"为 30% 和 80% 的涂抹效果。

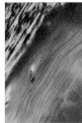
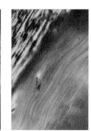

图 5-149　　　图 5-150　　　图 5-151

·自然饱和度：勾选该选项以后，可以在增加饱和度的同时，防止颜色过度饱和而产生溢色现象。

5.6 案例练习

5.6.1 课堂案例：移除图像中的多余素材

实例位置	实例文件 >CH05> 移除图像中的多余素材 .psd
素材位置	素材文件 >CH05> 素材 01.jpg
视频位置	多媒体教学 >CH05> 移除图像中的多余素材 .mp4
技术掌握	移除工具

本案例主要是针对"移除工具"的用法进行练习，利用移除工具移除图像中的多余素材，效果如图5-152 所示。

（1）打开 Photoshop 软件，执行"文件 > 打开"菜单命令，在弹出的对话框中选择"素材文件 >CH05> 素材 01.jpg"文件，如图 5-153 所示，要求移除素材中的羊群、卡车和湖边的人。

图 5-152　　　　　　图 5-153

（2）按下快捷键 Ctrl + + 放大图像，如图 5-154 所示，选择"移除工具"，调整画笔大小为 300，在图像窗口中的卡车位置按下鼠标左键涂抹卡车，如图 5-155 所示，松开鼠标后软件会自动填充背景，得到如图 5-156 所示的效果。

图 5-154

图 5-155

图 5-156

（3）在图 5-157 中人像的位置按下鼠标左键涂抹，松开鼠标后效果如图 5-158 所示。

图 5-157

图 5-158

（4）在图 5-159 中羊群的位置按下鼠标左键涂抹，松开鼠标后效果如图 5-160 所示，到这里就移除了图像中的多余素材。

图 5-159

本案例主要是针对"修补工具"的用法进行练习，利用工具修饰人像面部瑕疵，最终效果如图 5-161 所示。

（1）打开 Photoshop 软件，执行"文件 > 打开"菜单命令，在弹出的对话框中选择"素材文件 > CH04> 素材 02.jpg"文件，效果如图 5-162 所示。

图 5-161   图 5-162

（2）按下快捷键 Ctrl++ 放大图像，选择"修补工具"，在图像窗口圈选瑕疵，得到如图 5-163 所示的选区，按住鼠标将选区向附近干净皮肤区域拖曳，当选区内没有瑕疵时松开鼠标，即可得到如图 5-164 所示的效果，在图像窗口任意位置单击鼠标即可取消选区，如图 5-165 所示。

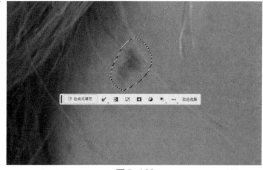

图 5-163

图 5-160

5.6.2 课后案例：修饰人像面部瑕疵

实例位置	实例文件 >CH05> 修饰人像面部瑕疵 .psd
素材位置	素材文件 >CH05> 素材 02.jpg
视频位置	多媒体教学 >CH05> 修饰人像面部瑕疵 .mp4
技术掌握	修补工具

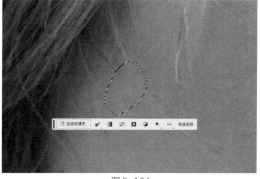

图 5-164

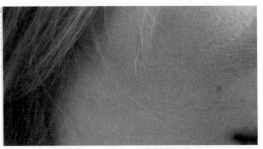

图 5-165

（3）使用同样的方法修复另一个瑕疵，如图 5-166 所示。

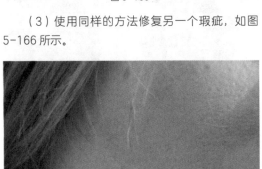

图 5-166

（4）使用同样的方法修复其他面部瑕疵，如图 5-167 所示。

图 5-167

（5）将脖子上如图 5-168 所示的瑕疵也修掉，效果如图 5-169 所示。

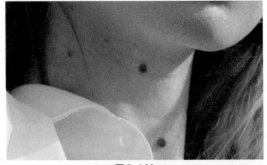

图 5-168

图 5-169

第 6 章

调色

Photoshop 中对图像色彩和色调的控制是图像编辑的关键，它直接关系到图像最后的效果，只有有效地控制图像的色彩和色调，才能制作出高品质的图像。Photoshop 提供了非常完美的色彩和色调的调整功能，可以快捷地调整图像的颜色与色调。

6.1 认识图像色彩

在学习调色技法之前，首先要了解色彩的相关知识。合理地运用色彩，不仅可以让一张图像变得更加具有表现力，还可以带来良好的心理感受。

6.1.1 关于色彩

色彩是通过眼、脑和生活经验所产生的一种对光的视觉效应。对色彩的感觉不仅仅是由光的物理性质所决定的，也会受到周围颜色的影响。人们将物质产生不同颜色的物理特性直接称为颜色。

颜色的种类主要分为色光（即光源色）和印刷色两种，而原色是指无法通过混合其他颜色得到的颜色。会发光的太阳、荧光灯、白炽灯等发出的光都属于光源色，光源色的三原色是红色（Red）、绿色（Green）和蓝色（Blue）；光照射到某一物体后反射或穿透显示出的效果称为物体色，西红柿会显示出红色是因为西红柿在所有波长的光线中只反射红色光波线的光线。印刷色的三原色是洋红（Magenta）、黄色（Yellow）和青色（Cyan），如图 6-1 所示。

Photoshop 软件中用 3 种基色（红、绿、蓝）之间的相互混合来表现所有彩色。红与绿混合产生黄色，红与蓝混合产生紫色，蓝与绿混合产生青色。其中红与青、绿与紫、蓝与黄为互补色，互补色在一起会产生视觉均衡感。

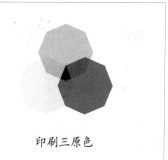

色光三原色　　　　印刷三原色

图 6-1

客观世界的色彩千变万化，各不相同，但任何色彩都有色相、明度和饱和度 3 个方面的性质，又称色彩的三要素。当色彩间发生作用时，除了色相、明度、饱和度 3 个基本条件以外，各种色彩彼此间会形成色调，并显现出自己的特性。因此，色相、明度、饱和度、色调及色性 5 项构成了色彩的五要素。

·色相：色彩的相貌，是区别色彩种类的名称。

·明度：色彩的明暗程度，即色彩的深浅差别。明度差别既指同色的深浅变化，又指不同色相之间存在的明度差别。

·饱和度：色彩的纯净程度，又称彩度或饱和度。某一纯净色加上白色或黑色，可以降低其饱和度，或趋于柔和或趋于沉重。

·色调：画面总是由具有某种内在联系的各种色彩组成一个完整统一的整体，形成画面色彩总的趋向就称为色调。

·色性：指色彩的冷暖倾向。

6.1.2 色彩直方图

如图 6-2 所示，色彩直方图是一种二维统计图表，它的横纵坐标分别代表色彩亮度级别和各个亮度级别下色彩的像素含量。

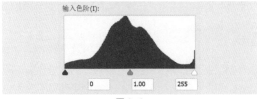

图 6-2

❶ 普通直方图

普通图像的直方图中，像素分布像山峰一样，两端各有一部分像素位于高光和阴影处，中间的大部分像素处于中间调部分。如图 6-3 所示素材的直方图就属于普通直方图。

图 6-3

❷ 欠曝直方图

缺乏曝光的图像，图像中代表色彩像素含量的直方图整体偏向阴影部分，图像色彩偏暗，如图 6-4 所示素材的直方图就属于欠曝直方图。

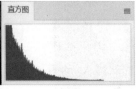

图 6-4

❸ 过曝直方图

曝光过度的图像，图像中代表色彩像素含量的直方图整体偏向高光部分，图像色彩偏亮，如图 6-5 所示素材的直方图就属于过曝直方图。

图 6-5

❹ 过饱和直方图

色彩过于饱和的图像，图像中代表色彩像素含量的直方图形状扁平化，图像色彩过于鲜艳。如图 6-6 所示素材的直方图就属于过饱和直方图。

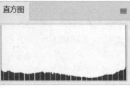

图 6-6

❺ 欠饱和直方图

色彩欠饱和的图像，图像中代表色彩像素含量的直方图偏向于中间，高光和暗部几乎没有像素，图像色彩非常平淡，图像表现为发灰。如图 6-7 所示素材的直方图就属于欠饱和直方图。

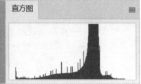

图 6-7

6.1.3 常用色彩模式

使用计算机处理数码照片经常会涉及"颜色模式"这一概念。图像的颜色模式是指将某种颜色表现为数字形式的模型，或者说是一种记录图像颜色的方式。在 Photoshop 中，颜色模式分为位图模式、灰度模式、双色调模式、索引颜色模式、RGB 颜色模式、CMYK 颜色模式、Lab 颜色模式和多通道模式。在处理人像数码照片时，一般使用 RGB 颜色模式、CMYK 颜色模式和 Lab 颜色模式。

❶ RGB 颜色模式

RGB 颜色模式是一种发光模式，也叫加光模式。RGB 分别代表 Red（红色）、Green（绿色）和 Blue（蓝）。在"通道"面板中可以查看 3 种颜色通道的状态信息，如图 6-8 所示。RGB 颜色模式下的图像只有在发光体上才能显示出来，例如显示器和电视等，该模式所包括的颜色信息（色域）有 1670 多万种，是一种真色彩颜色模式。

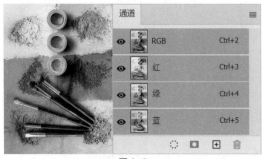

图 6-8

❷ CMYK 颜色模式

CMYK 颜色模式是一种印刷模式，也叫减光模式，该模式下的图像只有在印刷体上才可以观察到，例如纸张。CMYK 颜色模式包含的颜色总数比 RGB 模式少很多，所以在显示器上观察到的图像要比印刷出来的图像亮丽一些。CMY 是 3 种印刷油墨名称的首字母，C 代表 Cyan（青色）、M 代表 Magenta（洋红）、Y 代表 Yellow（黄色），而 K 代表 Black（黑色），这是为了避免与 Blue（蓝色）混淆，因此黑色选用的是 Black 最后一个字母 K。在"通道"面板中可以看到 4 种颜色通道的状态信息，如图 6-9 所示。

图 6-9

小提示

在制作需要印刷的图像时就需要使用到 CMYK 颜色模式。将 RGB 图像转换为 CMYK 图像会产生分色现象。如果原始图像是 RGB 图像，那么最好先在 RGB 颜色模式下进行编辑，在编辑结束后再转换为 CMYK 颜色模式。在 RGB 模式下，可以通过执行"视图 > 校样设置"菜单下的子命令来模拟转换 CMYK 后的效果。

❸ Lab 颜色模式

Lab 颜色模式是由照度（L）和有关色彩的 a、b 3 个要素组成，L 表示 Luminosity（照度），相当于亮度；a 表示从红色到绿色的范围；b 表示从黄色到蓝色的范围，如图 6-10 所示。Lab 颜色模式的亮度分量(L)范围是从 0 ~100，在 Adobe 拾色器和"颜色"面板中，a 分量（绿色 – 红色轴）和 b 分量（蓝色 – 黄色轴）的范围是从 –128~+127。

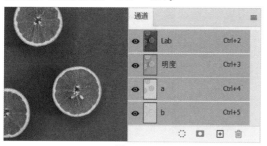

图 6-10

小提示

Lab 颜色模式是最接近真实世界颜色的一种色彩模式，它同时包括 RGB 颜色模式和 CMYK 颜色模式中的所有颜色信息。

6.1.4 互补色

❶ 互补色

在如图 6-11 所示的色相环中，处于色相环直径两端的两种颜色互为互补色，例如，蓝色和黄色互为互补色，绿色和洋红色互为互补色，红色和青色互为互补色。

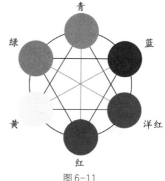

图 6-11

❷ 互补色性质

减少图像中任意一种颜色的成分，它的互补色成分一定会增加，增加图像中任意一种颜色的成分，它的互补色成分一定会减少。如图 6-12 所示，减少图像中的洋红色成分，查看图像中的绿色成分是否会增加。

图 6-12

执行"图层 > 新建调整图层 > 曲线"命令，在"新建图层"命令窗口中单击"确定"按钮，即可打开命令窗口，如图 6-13 所示，调整曲线减少图像中的洋红色，此时图像显示效果如图 6-14 所示，与原图相比，图像中的绿色成分果然增加了。

图 6-13

图 6-14

6.1.5 加减色

❶ 加减色

通过色相的混合对颜色的明度产生影响，如果叠加后图像变亮则为加色模式，在图像中加红、加绿、加蓝、减青、减品、减黄；如果叠加后图像变暗则为减色模式，在图像中加青、加品、加黄、减红、减绿、减蓝。

❷ 加减色使用

如果图像比较暗，一般选择加色模式来提亮；如果图像比较亮，一般选择减色模式来压暗。如图 6-15 所示，要求用加减色两种方式，增加图像中的红色（减少青色）。要增加图像中的红色，有两种方式，第 1 种增加图像中的红色，第 2 种减少图像中的绿色和蓝色。

图 6-15

加色模式：增加图像中的红色。

执行"图层 > 新建调整图层 > 曲线"命令，在"新建图层"命令窗口中单击"确定"按钮，即可打开"曲线"命令窗口，如图 6-16 所示。调整曲线增加图像中的红色，此时图像显示效果如图 6-17 所示，与原图相比，图像中的红色增加了，并且图像变亮了。

图 6-16

图 6-17

减色模式：减少图像中的蓝色和绿色。

打开"曲线"命令窗口，如图 6-18 所示，减少图像中的蓝色和绿色，此时图像显示效果如图 6-19 所示，与原图相比，图像中的红色增加了，并且图像变暗了。

图 6-18

图 6-19

6.1.6 色彩冷暖

冷暖色是让人产生不同温度感觉的色彩。需要注意色彩的冷暖是相对的，如图 6-20 和图 6-21 所示的两个素材，黄绿色给人暖意，而深绿色给人冷意。

图 6-20

图 6-21

暖色：让人觉得热烈、兴奋、温暖的红、橙、黄等颜色被称为暖色，如图 6-22~ 图 6-24 所示的素材都为暖色图像。

图 6-22

图 6-23

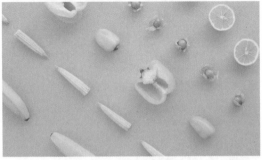

图 6-24

冷色：让人觉得寒冷、安静、沉稳的蓝、绿、青等颜色被称为冷色，如图 6-25~ 图 6-27 所示的素材都为冷色图像。

图 6-25

图 6-26

图 6-29   图 6-30

图 6-27

图 6-31

6.2 图像的明暗调整

明暗调整命令主要用于调整太亮或太暗的图像。很多图像由于外界因素的影响，会出现曝光不足或曝光过度的现象，这时就可以利用明暗调整来处理图像，最终到达理想的效果。

6.2.1 亮度 / 对比度

使用"亮度 / 对比度"命令可以对图像的色调范围进行简单的调整。图 6-28 为亮度 / 对比度对话框。

图 6-28

·亮度：用来设置图像的整体亮度。数值为负时，表示降低图像的亮度；数值为正时，表示提高图像的亮度。

·对比度：用于设置图像亮度对比的强烈程度。数值越低，对比度越低；数值越高，对比度越高。

举例：

打开如图 6-29 所示的素材，执行"图像 > 调整 > 亮度 / 对比度"菜单命令（或执行"图层 > 新建调整图层 > 亮度 / 对比度"命令），打开"亮度 / 对比度"对话框，调整参数如图 6-30 所示，即可恢复图像的亮度和对比度，效果如图 6-31 所示。

小提示

执行"图像 > 调整 > 亮度 / 对比度"菜单命令或执行"图层 > 新建调整图层 > 亮度 / 对比度"菜单命令，都可以对图像的"亮度 / 对比度"进行调整。

他们之间的区别是，执行"图像 > 调整 / 对比度"菜单命令会在原图上直接进行调色，这种方式属于不可修改方式，一旦调整了图像的色调并确定后，就不可以再重新修改调色命令的参数。

执行"图层 > 新建调整图层 > 亮度 / 对比度"菜单命令会在原图层的上方创建一个"亮度 / 对比度"调整图层，所有调色的参数全部保存在该调整图层中，如果对调整效果不满意，可以在该调整图层中重新设置其参数，并且该调整图层还带有蒙版，使调色可以只针对背景中的某一区域。

针对一个素材，如果确定了调色方向，后期不会再修改，直接使用第一种调色方式即可；如果调完色还有修改的可能，就选择第二种调色方式，但需要注意，第二种方式保存的图像所占存储空间肯定比第一种要大很多。

6.2.2 色阶

"色阶"命令是一个非常强大的颜色与色调调整工具，它可以对图像的阴影、中间调和高光强度级别进行调整，从而校正图像的色调范围和色彩平衡。此外，"色阶"命令还可以分别对各个通道进行调整，以校正图像的色彩。图 6-32 为色阶对话框。

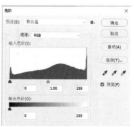
图 6-32

·预设：单击"预设"下拉列表，可以选择一种预设的色阶调整选项来对图像进行调整。

·预设选项 ：单击该按钮，可以保存当前设置的参数，或载入一个外部的预设调整文件。

·通道：在"通道"下拉列表中可以选择一个通道来对图像进行调整，以校正图像的颜色。

·吸管工具：包括设置黑场 、设置灰场 和设置白场 。

选择"设置黑场"吸管工具并在图像中单击，所单击的点为图像中最暗的区域，比该点暗的区域都变为黑色，比该点亮的区域相应地变暗。

选择"设置灰场"吸管工具并在图像中单击，可将图像中单击选取的位置的颜色定义为图像中的偏色，从而使图像的色调重新分布，可以用来处理图像的偏色。

选择"设置白场"吸管工具并在图像中单击，所单击的点定为图像中最亮的区域，比该点亮的区域都变成白色，比该点暗的区域相应地变亮。

图 6-33 为原图，打开"色阶"对话框，选择"设置黑场"吸管工具 ，在黑色的背景上单击，效果如图 6-34 所示；选择"设置白场"吸管工具 ，在白色的光斑上单击后，效果如图 6-35 所示。

图 6-38

6.2.3 曲线

"曲线"命令是最重要、最强大的调整色彩和亮度的命令，也是实际工作中使用频率最高的调整命令之一，它具备了"亮度/对比度""阈值"和"色阶"等命令的功能，通过调整曲线的形状，可以对图像的色调进行非常精确的调整。图 6-39 为曲线对话框。

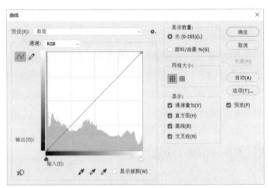
图 6-39

·预设选项 ：单击该按钮，可以保存当前设置的参数，或载入一个外部的预设调整文件。

·通道：在"通道"下拉列表中可以选择一个通道来对图像进行调整，以校正图像的颜色。

·编辑点以修改曲线 ：使用该工具在曲线上单击，可以添加新的控制点，通过拖曳控制点可以改变曲线的形状，从而达到调整图像的目的，如图 6-40 和图 6-41 所示。

图 6-33　　图 6-34　　图 6-35

·输入色阶 > 输出色阶：通过调整输入色阶和输出色阶下方相对应的滑块可以调整图像的亮度和对比度。

举例：

打开如图 6-36 所示的素材，执行"图像 > 调整 > 色阶"菜单命令（或执行"图层 > 新建调整图层 > 色阶"命令）或按快捷键 Ctrl+L，打开对话框，调整参数如图 6-37 所示，即可将这张发灰的图像恢复为正常的色调，效果如图 6-38 所示。

图 6-36　　图 6-37

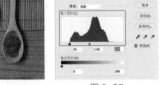

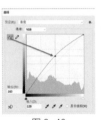
图 6-40　　图 6-41

· 通过绘制来修改曲线 ✐ : 使用该工具可以以手绘的方式自由绘制出曲线,绘制好曲线以后,单击"编辑点以修改曲线"按钮,可以显示出曲线上的控制点,如图 6-42~ 图 6-44 所示。

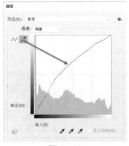 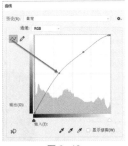

图 6-42   图 6-43

图 6-44

举例:

打开如图 6-45 所示的素材,执行"图像 > 调整 > 曲线"菜单命令(或执行"图层 > 新建调整图层 > 曲线"命令)或按快捷键 Ctrl+M,打开对话框,调整参数如图 6-46 所示,即可将过暗的图像恢复原本的亮度,效果如图 6-47 所示。

 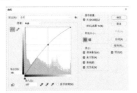

图 6-45   图 6-46

图 6-47

以如图 6-48 所示的素材为例,说明几种常见的曲线。

图 6-48

❶ 提亮曲线

执行"图层 > 新建调整图层 > 曲线"命令,在"新建图层"命令窗口中单击"确定"按钮,打开"曲线"命令窗口,如图 6-49 所示,选择 RGB 通道,将曲线向左上角拉,图像窗口显示如图 6-50 所示的效果,此曲线可以将图像整体变亮,所以类似形状的曲线称为"提亮曲线"。

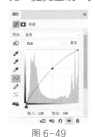 

图 6-49   图 6-50

❷ 压暗曲线

如图 6-51 所示,选择 RGB 通道,将曲线向右下角拉,图像窗口显示如图 6-52 所示的效果,此曲线可以将图像整体变暗,所以类似形状的曲线称为"压暗曲线"。

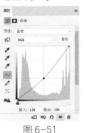 

图 6-51   图 6-52

❸ S 曲线

如图 6-53 所示,选择 RGB 通道,将高光部分向左上角拉,阴影部分向右下角拉,图像窗口图像显示如图 6-54 所示的效果,此曲线可以增加图像的对比度,所以类似形状的曲线称为"S 曲线"。

图 6-53　　　　　　　　图 6-54

④ 反 S 曲线

如图 6-55 所示，选择 RGB 通道，将高光部分向右下角拉，阴影部分向左上角拉，图像窗口图像显示如图 6-56 所示的效果，此曲线可以降低图像的对比度，所以类似形状的曲线称为"反 S 曲线"。

图 6-55　　　　　　　　图 6-56

⑤ 偏红色调曲线

如图 6-57 所示，选择"红"通道，将曲线向左上角拉，图像窗口图像显示如图 6-58 所示的效果，此曲线可以将图像的整体色调变红，所以类似形状的曲线称为"偏红色调曲线"。

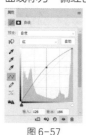

图 6-57　　　　　　　　图 6-58

⑥ 偏青色调曲线

如图 6-59 所示，选择"红"通道，将曲线向右下角拉，图像窗口图像显示如图 6-60 所示的效果，此曲线可以将图像整体色调变青，所以类似形状的曲线称为"偏青色调曲线"。

图 6-59　　　　　　　　图 6-60

⑦ 偏绿色调曲线

如图 6-61 所示，选择"绿"通道，将曲线向左上角拉，图像窗口图像显示如图 6-62 所示的效果，此曲线可以将图像整体色调变绿，所以类似形状的曲线称为"偏绿色调曲线"。

图 6-61　　　　　　　　图 6-62

⑧ 偏洋红色调曲线

如图 6-63 所示，选择"绿"通道，将曲线向右下角拉，图像窗口图像显示如图 6-64 所示的效果，此曲线可以将图像整体色调变洋红，所以类似形状的曲线称为"偏洋红色调曲线"。

图 6-63　　　　　　　　图 6-64

⑨ 偏蓝色调曲线

如图 6-65 所示，选择"蓝"通道，将曲线向左上角拉，图像窗口图像显示如图 6-66 所示的效果，此曲线可以将图像整体色调变蓝，所以类似形状的曲线称为"偏蓝色调曲线"。

图 6-65　　　　　　　　图 6-66

⑩ 偏黄色调曲线

如图 6-67 所示，选择"蓝"通道，将曲线向右下角拉，图像窗口图像显示如图 6-68 所示的效果，此曲线可以将图像整体色调变黄，所以类似形状的曲线称为"偏黄色调曲线"。

图 6-67　　　　　　　　　　图 6-68

⑪ 亮度和色彩结合调整

要求先将如图 6-68 所示的素材整体亮度提亮，然后在图像中添加一部分蓝色。

图 6-69

打开曲线面板，如图 6-70 所示，选择 RGB 通道，将曲线向左上角拉，素材被提亮，效果如图 6-71 所示。选择"蓝"通道，将曲线向左上角拉，如图 6-72 所示，图像被添加了一部分蓝色，效果如图 6-73 所示。

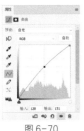

图 6-70　　　　　　　　　　图 6-71

图 6-72　　　　　　　　　　图 6-73

6.2.4 曝光度

"曝光度"命令专门用于调整 HDR 图像的曝光效果，它是通过在线性颜色空间（而不是当前颜色空间）执行计算而得出的曝光效果。图 6-74 为"曝光度"对话框。

图 6-74

· 曝光度：向左拖曳滑块，可以降低曝光效果；向右拖曳滑块，可以增强曝光效果。

· 位移：该选项主要对阴影和中间调起作用，可以使其变暗，但对高光基本不会产生影响。

· 灰度系数校正：使用一种乘方函数来调整图像灰度系数。

举例：

打开如图 6-75 所示的素材，执行"图像 > 调整 > 曝光度"菜单命令（或执行"图层 > 新建调整图层 > 曝光度"命令），打开对话框，调整参数如图 6-76 所示，即可恢复图像正常的高光、中间调和阴影，效果如图 6-77 所示。

图 6-75　　　　　　　　　　图 6-76

图 6-77

6.2.5 阴影 / 高光

"阴影 / 高光"命令可以基于阴影 / 高光中的局部相邻像素来校正每个像素，修复图像亮部和暗部，在调整阴影区域时，对高光区域的影响很小，而调整高光区域又对阴影区域的影响很小。图 6-78 为"阴影 / 高光"对话框。

图 6-78

·阴影："数量"选项用来控制阴影区域的亮度，值越大，阴影区域就越亮。

·高光："数量"用来控制高光区域的黑暗程度，值越大，高光区域越暗。

小提示

勾选"显示更多选项"会打开更为详细的选项卡，如图6-79所示，在其中还可以调整阴影/高光的色调和半径等属性。

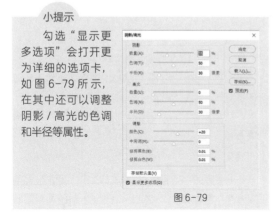

图 6-79

举例：

打开如图6-80所示的素材，执行"图像 > 调整 > 曝光度"菜单命令，打开对话框，调整参数如图6-81所示，即可恢复图像正常的高光和阴影，效果如图6-82所示。

图 6-80

图 6-81

图 6-82

6.3 图像的色彩调整

常用的图像色彩调整命令包括"色相/饱和度""通道混合器"和"色彩平衡"等，被广泛地应用于数码照片的处理领域。

6.3.1 自然饱和度

使用"自然饱和度"命令可以快速调整图像的饱和度，并且可以在增加图像饱和度的同时有效地控制颜色过于饱和而出现溢色现象。图6-83为"自然饱和度"对话框。

图 6-83

·自然饱和度：如图6-84所示的素材，打开"自然饱和度"对话框，向右拖曳滑块，可以增加颜色的饱和度，效果如图6-85所示；向左拖曳滑块，可以降低颜色的饱和度，效果如图6-86所示。

图 6-84

图 6-85

图 6-86

小提示

调节"自然饱和度"选项，不会生成饱和度过高或过低的颜色，画面始终保持一个比较平衡的色调，这对于调节人像非常有用。

·饱和度：向右拖曳滑块，可以增加所有颜色的饱和度，效果如图6-87所示；向左拖曳滑块，可以降低所有颜色的饱和度，效果如图6-88所示。

图 6-87

图 6-88

举例：

打开如图 6-89 所示的素材，执行"图像 > 调整 > 自然饱和度"菜单命令（或执行"图层 > 新建调整图层 > 自然饱和度"命令），打开对话框，调整参数如图 6-90 所示，即可恢复图像的饱和度，效果如图 6-91 所示。

图 6-89　　　　　　　　　图 6-90

图 6-91

6.3.2 色相 / 饱和度

使用"色相 / 饱和度"命令可以调整整个图像或选区内图像的色相、饱和度和明度，同时也可以对单个通道进行调整，该命令也是实际工作中使用频率最高的调整命令之一。图 6-92 为"色相 / 饱和度"对话框。

图 6-92

·作用范围：可以选择全图或其他颜色，选择全图时色彩调整针对整个图像的色彩，选取某个颜色时，只针对该颜色进行调整。

·色相：调整图像的色彩倾向。图 6-93 为原图，打开"色相 / 饱和度"对话框，在对应的文本框中输入数值或直接拖曳滑块即可改变颜色倾向，效果如图 6-94 所示。

图 6-93　　　　　　　　　图 6-94

·饱和度：调整图像中像素的颜色饱和度。数值越高颜色越浓，反之则颜色越淡，如图 6-95 和图 6-96 所示。

图 6-95

图 6-96

·明度：调整图像中像素的明暗程度。数值越高图像越亮，反之则越暗，如图 6-97 和图 6-98 所示。

图 6-97

图 6-98

·着色：勾选时，可以消除图像中的黑白或彩色元素，从而转化为单色调。

举例：

打开如图 6-99 所示的素材，执行"图像 > 调整 > 色相 / 饱和度"菜单命令（或执行"图层 > 新建调整图层 > 色相 / 饱和度"命令）或按快捷键 Ctrl+U，打开"色相 / 饱和度"对话框，调整参数如图 6-100 所示，即可修改图像的色相、饱和度和明度，效果如图 6-101 所示。

图 6-99

图 6-100

图 6-101

6.3.3 色彩平衡

"色彩平衡"命令通过调整阴影、中间调和高光中各个单色的成分来平衡图像的色彩，可以更改图像总体颜色的混合程度。图 6-102 为"色彩平衡"对话框。

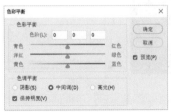

图 6-102

· 色彩平衡：将青色 / 红色、洋红 / 绿色或黄色 / 蓝色滑块移向要添加到图像的颜色，拖曳滑块远离要从图像中减去的颜色。滑块上方的值显示红色、绿色和蓝色通道的颜色变化。这些值的范围可以是 −100 到 +100。在移动滑块时，可以直接查看应用到图像的调整。

· 色调平衡：选择任意色调平衡选项（阴影、中间调或高光），以选择要将编辑焦点对准的色调范围。

· 保持明度：选择保持明度以防止图像的明度值随颜色的更改而改变。默认情况下，将启用此选项以保持图像中的整体色调平衡。

举例：

打开如图 6-103 所示的素材，执行"图像 > 调整 > 色彩平衡"菜单命令（或执行"图层 > 新建调整图层 > 色彩平衡"命令）或按快捷键 Ctrl+B，打开"色彩平衡"对话框，如图 6-104 所示。

图 6-103   图 6-104

选择阴影、中间调或高光后，通过调整"青色 −红色""洋红 − 绿色""黄色 − 蓝色"在图像中所占的比例，更改图像颜色，数值可以手动输入，也可以拖曳滑块来调整。例如，选择中间调后，如图 6-105 所示向右拖曳"青色 − 红色"滑块，在图像中增加红色，同时减少其补色青色；向左拖曳"洋红 − 绿色"滑块，可以在图像中增加洋红，同时减少其补色绿色；向左拖曳"黄色 − 蓝色"滑块，可以在图像中增加黄色，同时减少其补色蓝色，效果如图 6-106 所示。

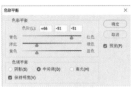 

图 6-105   图 6-106

6.3.4 黑白与去色

通过执行调整命令中的"黑白"和"去色"命令，可以对图像进行去色处理，不同的是"黑白"命令对图像中的黑白亮度进行调整，并调整出单调的图像效果；而"去色"命令只能将图像中的色彩直接去掉，使图像保留原来的亮度。

举例：

打开如图 6-107 所示的素材，执行"图像 > 调整 > 黑白"菜单命令（或执行"图层 > 新建调整图层 > 黑白"命令）或按快捷键 Alt+Shift+Ctrl+B，打开"黑白"对话框，如图 6-108 所示设置参数，得到如图 6-109 所示的效果；执行"图像 > 调整 > 去色"菜单命令或按快捷键 Shift+Ctrl+U，为图像去色，效果如图 6-110 所示。

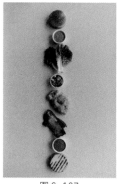

图 6-107

图 6-108

图 6-109

图 6-110

6.3.5 照片滤镜

使用"照片滤镜"命令可以模仿在相机镜头前面添加彩色滤镜的效果，以便调整通过镜头传输的光的色彩平衡、色温和胶片曝光，"照片滤镜"允许选取一种颜色将色相调整应用到图像中。图 6-111 为"照片滤镜"对话框。

图 6-111

· 滤镜：从下拉列表中选取滤镜。

· 颜色：对于自定滤镜，选择颜色选项。先单击颜色方块，然后使用拾色器为自定颜色滤镜指定颜色。

· 密度：调整应用于图像的颜色数量，密度越高，颜色调整幅度就越大。

· 保留明度：选择保留明度以防止图像的明度值随颜色的更改而改变。默认情况下，将启用此选项以保持图像中的整体色调平衡。

举例：

打开如图 6-112 所示的素材，执行"图像 > 调整 > 照片滤镜"菜单命令（或执行"图层 > 新建调整图层 > 照片滤镜"命令），打开"照片滤镜"对话框，调整参数如图 6-113 所示，即可得到如图 6-114 所示的效果。

图 6-112

图 6-113

图 6-114

6.3.6 通道混合器

使用"通道混合器"命令可以对图像的某一个通道的颜色进行调整，以创建出各种不同色调的图像，同时也可以用来创建高品质的灰度图像。图 6-115 为"通道混合器"对话框。

图 6-115

· 输出通道：在下拉列表中可以选择一种通道来对图像的色调进行调整。

· 源通道：用来设置源通道在输出通道中所占的百分比。将一个源通道的滑块向左拖曳，可以减小该通道在输出通道中所占的百分比；向右拖曳，则可以增加其百分比。

·常数：用来设置输出通道的灰度值。负值可以在通道中增加黑色，正值可以在通道中增加白色。

·单色：勾选该选项以后，可以将彩色图像转换为黑白图像。

举例：

打开如图 6-116 所示的素材，执行"图像 > 调整 > 通道混合器"菜单命令（或执行"图层 > 新建调整图层 > 通道混合器"命令），打开"通道混合器"对话框，调整参数如图 6-117 所示，即可得到如图 6-118 所示的效果。

图 6-116

图 6-117

图 6-118

6.3.7 可选颜色

"可选颜色"是一个很重要的调色命令，它可以在图像中的每个主要原色成分中更改印刷色的数量，

也可以有选择地修改任何主要颜色中的印刷色数量，并且不会影响其他主要颜色。图 6-119 为"可选颜色"对话框。

图 6-119

·颜色：用来设置图像中需要改变的颜色。单击下拉列表按钮，在弹出的下拉列表中选择需要改变的颜色，可以通过下方的青色、洋红、黄色、黑色的滑块对选择的颜色进行设置，设置的参数越小颜色越淡，反之则越浓。

·方法：用来设置墨水的量，包括相对和绝对两个选项。相对是指按照调整后总量的百分比来更改现有的青色、洋红、黄色或黑色的量，该选项不能调整纯色白光，因为它不包括颜色成分；绝对是指采用绝对值调整颜色。

举例：

打开如图 6-120 所示的素材，将黄色的花调整成粉色，执行"图像 > 调整 > 可选颜色"菜单命令（或执行"图层 > 新建调整图层 > 可选颜色"命令），打开对话框，调整参数如图 6-121 所示，即可得到如图 6-122 所示的效果。

图 6-120

图 6-121

图 6-122

6.3.8 匹配颜色

使用"匹配颜色"命令可以同时将两个图像更改为相同的色调。即将一个图像（源图像）的颜色与另一个图像（目标图像）的颜色匹配起来。如果希望不同照片中的色调看上去一致，或者当一个图像中特定元素的颜色必须和另一个图像中的某个元素的颜色相匹配时，该命令非常实用。图 6-123 为"匹配颜色"对话框。

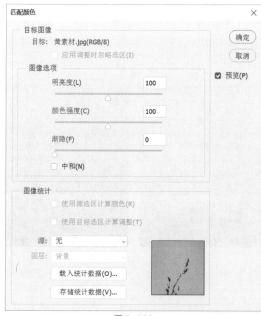

图 6-123

· 图像选项：该选项组用于设置图像的混合选项，如明亮度、颜色混合强度等。

明亮度：用于调整图像匹配的明亮程度。数值小于 100，混合效果暗；数值大于 100，混合效果亮。

颜色强度：该选项相当于图像的饱和度。数值越低，混合后的饱和度越低；数值越高，混合后的饱和度越高。

渐隐：该选项有点类似于图层蒙版，它决定了有多少源图像的颜色匹配到目标图像的颜色中。数值越低，源图像匹配到目标图像的颜色越多；数值越高，源图像匹配到目标图像的颜色越少。

中和：勾选该选项后，可以消除图像中的偏色现象。

· 图像统计：该选项组用于选择要混合到目标图像的源图像以及设置源图像的相关选项。

源：用来选择源图像，即将颜色匹配到目标图像的图像。

举例：

打开如图 6-124 和图 6-125 所示的素材，执行"图像 > 调整 > 匹配颜色"菜单命令，打开对话框，调整参数如图 6-126 所示，即可将图 6-124 中素材的色调匹配给图 6-125 中的素材，效果如图 6-127所示。

图 6-124

图 6-125

图 6-126

图 6-127

6.3.9 替换颜色

使用"替换颜色"命令可以将选定的颜色替换为其他颜色,颜色的替换是通过更改选定颜色的色相、饱和度和明度来实现的。图6-128为"替换颜色"对话框。

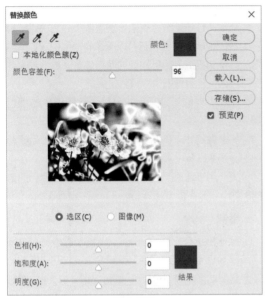

图 6-128

· 吸管:使用"吸管工具" 在图像上单击,可以选中单击点处的颜色,同时在"选区"缩略图中也会显示选中的颜色区域(白色代表选中的颜色,黑色代表未选中的颜色);使用"添加到取样" ,在图像上单击,可以将单击点处的颜色添加到选中的颜色中;使用"从取样中减去" ,在图像上单击,可以将单击点处的颜色从选定的颜色中减去。

· 颜色容差:该选项用来控制选中颜色的范围。数值越大,选中的颜色范围越广。

· 结果:该选项用于显示结果颜色,同时也可以用来选择替换的结果颜色。

· 色相/饱和度/明度:这3个选项与"色相/饱和度"命令的3个选项相同,可以调整选中颜色的色相、饱和度和明度。

举例:

打开如图6-129所示的素材,执行"图像 > 调整 > 替换颜色"菜单命令,打开对话框,调整参数如图6-130所示,即可得到如图6-131所示的效果。

图 6-129   图 6-130

图 6-131

6.3.10 色调均化

使用"色调均化"命令可以重新分布图像中像素的亮度值,以便它们更均匀地呈现所有范围的亮度级(即0~266)。在使用该命令时,图像中最亮的值将变成白色,最暗的值将变成黑色,中间的值将分布在整个灰度范围内。

举例:

打开如图6-132所示的素材,执行"图像 > 调整 > 色调均化"菜单命令,即可得到如图6-133所示的效果。

图 6-132   图 6-133

6.4 图像的特殊色调调整

在调整图像的特殊色调时,可以运用反相、色调分离、渐变映射等命令,使图像呈现出不一样的视觉效果。

6.4.1 反相

使用"反相"命令可以将图像中的某种颜色转换为它的补色,即将原来的黑色变成白色,或将原来的白色变成黑色,从而创建出负片效果。

举例:

打开一张图像,如图 6-134 所示,执行"图层 > 调整 > 反相"命令(或执行"图层 > 新建调整图层 > 反相"命令)或按快捷键 Ctrl+I,即可得到反相效果,如图 6-135 所示。

图 6-134

图 6-135

6.4.2 色调分离

使用"色调分离"命令可以指定图像中每个通道的色调级数目或亮度值,并将像素映射到最接近的匹配级别,也就是说将相近的颜色融合成块面。

举例:

打开如图 6-136 所示的素材,执行"图像 > 调整 > 色调分离"菜单命令(或执行"图层 > 新建调整图层 > 色调分离"命令),打开"色调分离"对话框,如图 6-137 所示,设置的色阶值越小,分离的色调越多,值越大,保留的图像细节就越多,图 6-138 是应用色调分离后的效果。

图 6-136

图 6-137

图 6-138

6.4.3 阈值

使用"阈值"命令可以将彩色图像或者灰度图像转换为高对比度的黑白图像。当指定某个色阶作为阈值时，所有比阈值暗的像素都将转换为黑色，而所有比阈值亮的像素都将转换为白色。

举例：

打开一个素材文件，如图 6-139 所示，执行"图像 > 调整 > 阈值"命令（或执行"图层 > 新建调整图层 > 阈值"命令），打开对话框，默认参数为128，如图 6-140 所示，调整参数为 101，即可得到如图 6-141 所示的高对比度的黑白图像。

图 6-139

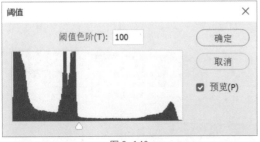

图 6-140

图 6-141

6.4.4 渐变映射

"渐变映射"就是将渐变色映射到图像上。在影射过程中，先将图像转换为灰度图像，然后将相等的图像灰度范围映射到指定的渐变填充色。

举例：

打开如图 6-142 所示的素材，执行"图像 > 调整 > 渐变映射"菜单命令（或执行"图层 > 新建调整图层 > 渐变映射"命令），打开"渐变映射"对话框，调整参数如图 6-143 所示，即可得到如图 6-144 所示的效果。

图 6-142

图 6-143

图 6-144

6.5 案例练习

6.5.1 课堂案例：将森林调整成不同色彩

实例位置	实例文件 >CH06> 将森林调整成不同色彩 .psd
素材位置	素材文件 >CH06> 素材 01.jpg
视频位置	多媒体教学 >CH06> 将森林调整成不同色彩 .mp4
技术掌握	运用"曲线"命令调整图像的色彩

本案例主要是针对"曲线"命令和"色相 / 饱和度"的用法进行练习，将一个偏暗偏黄色调的素材调整成偏红的效果，效果如图 6-145 所示。

（1）打开 Photoshop 软件，执行"文件 > 打开"菜单命令，在弹出的对话框中选择"素材文件 >CH06> 素材 01.jpg"文件，如图 6-146 所示。

图 6-145

图 6-146

（2）执行"图层 > 新建调整图层 > 曲线"命令，在"新建图层"命令窗口中单击"确定"按钮，打开"曲线"命令窗口，如图 6-147 所示，图层面板会自动添加一个曲线调整图层，如图 6-148 所示。

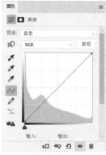
图 6-147

图 6-148

（3）因为图像稍微偏暗，所以如图 6-149 所示向上调整曲线，增强图像的亮度。如图 6-150 所示，偏暗的素材恢复了正常的亮度。

图 6-149

图 6-150

（4）执行"图层 > 新建调整图层 > 色相 / 饱和度"命令，在"新建图层"命令窗口中单击"确定"按钮，打开"色相 / 饱和度"命令窗口，如图 6-151 所示，图层面板会自动添加一个色相 / 饱和度调整图层，如图 6-152 所示。

图 6-151

图 6-152

（5）因为图像中有大面积的黄色，所以直接在"全图"下，如图 6-153 所示调整色相数值，此时图像效果如图 6-154 所示。

图 6-153

图 6-154

6.5.2 课后案例：纠正偏色图像

实例位置	实例文件 >CH06> 纠正偏色图像 .psd
素材位置	素材文件 >CH06> 素材 02.jpg
视频位置	多媒体教学 >CH06> 纠正偏色图像 .mp4
技术掌握	"色阶"和"曲线"命令

本案例主要是针对"色阶"和"曲线"命令的用法进行练习，将一张偏色图像进行纠正，效果如图 6-155 所示。

（1）打开 Photoshop 软件，执行"文件 > 打开"菜单命令，在弹出的对话框中选择"素材文件 >CH06> 素材 02.jpg"文件，如图 6-156 所示，可以看到这个素材偏青并且发灰。

图 6-155　　　　　　图 6-156

（2）执行"图层 > 新建调整图层 > 色阶"命令，在"新建图层"命令窗口中单击"确定"按钮，打开"色阶"命令窗口，调整参数如图 6-157 所示，即可消除图像灰色，恢复图像通透程度，效果如图 6-158 所示。

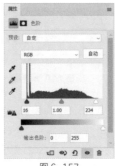

图 6-157

图 6-158

（3）执行"图层 > 新建调整图层 > 曲线"命令，在"新建图层"命令窗口中单击"确定"按钮，打开"曲线"命令窗口，如图 6-159 所示，图层面板会自动添加一个曲线调整图层，如图 6-160 所示。

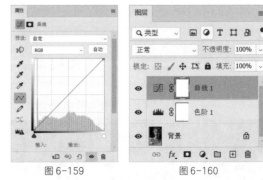

图 6-159　　　　　　图 6-160

（4）因为图像稍微偏青色，所以如图 6-161 所示减少红通道里的青色（增加红色），此时图像效果如图 6-162 所示，图像里青色减少，人像的皮肤也恢复了正常的颜色。

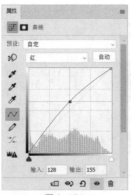 

图 6-161　　　　　　图 6-162

Photoshop 中的文字由基于矢量的文字轮廓组成，这些形状可以用于表现字母、数字和符号。在编辑文字时，任意缩放文字或调整文字大小都不会产生锯齿现象。在保存文字时，Photoshop 可以保留基于矢量的文字轮廓，文字的输出与图像的分辨率无关。

7.1 文字创建工具

Photoshop 提供了 4 种创建文字的工具。"横排文字工具" T.和"直排文字工具" IT.主要用来创建点文字、段落文字和路径文字；"横排文字蒙版工具" T.和"直排文字蒙版工具" IT.主要用来创建文字选区。

7.1.1 文字工具

Photoshop 提供了两种输入文字的工具，分别是"横排文字工具" T.和"直排文字工具" IT.。"横排文字工具" T.可以用来输入横向排列的文字；"直排文字工具" IT.可以用来输入竖向排列的文字。

图 7-1 为原图，选择"直排文字工具" IT.，在图像上单击就会出现插入光标，输入如图 7-2 所示的文字。横排文字工具选项栏如图 7-3 所示。

图 7-1

图 7-2

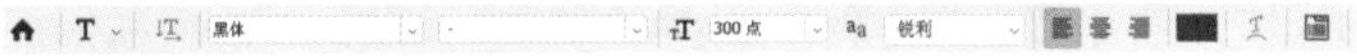

T ▾ IT 黑体 ▾ ▾ IT 300 点 ▾ aa 锐利 ▾ ≡ ≡ ≡ ■ I ▦

图 7-3

横排文字工具选项介绍

· 切换文本取向 IT：如果当前使用的是"横排文字工具" T.输入的文字，选中文本以后，在选项栏中单击"切换文本取向" IT按钮，可以将横向排列的文字更改为直向排列的文字。

· 设置字体系列：设置文字的字体。在文档中输入文字以后，如果要更改字体的系列，可以先在文档中选择文本，然后在选项栏中单击"设置字体系列"下拉列表，选择想要的字体。

· 设置字体样式：设置文字形态。输入英文以后，可以在选项栏中设置字体的样式，包含 Regular（规则）、Italic（斜体）、Bold（粗体）和 Bold Italic（粗斜体）。

> **小提示**
> 注意，只有部分英文可以设置字体样式。

·设置字体大小：输入文字以后，如果要更改字体的大小，可以直接在选项栏中输入数值，也可以在下拉列表中选择预设的字体大小。

·设置消除锯齿的方法：输入文字以后，可以在选项栏中为文字指定一种消除锯齿的方式，包括"无""锐利""犀利""浑厚"和"平滑"。

·设置文本对齐方式：文字工具的选项栏提供了3种设置文本段落对齐方式的按钮，选择文本以后，单击对应的对齐按钮，就可以使文本按指定的方式对齐，包括"左对齐文本"■、"居中对齐文本"■和"右对齐文本"■。

> **小提示**
>
> 如果当前使用的是"直排文字工具"，那么对齐按钮分别会变成"顶对齐文本"按钮■、"居中对齐文本"按钮■和"底对齐文本"按钮■，如图7-4所示。

图 7-4

·设置文本颜色：设置文本的颜色。输入文本时，文本颜色默认为前景色，如果要修改文本颜色，可以先在文档中选择文本，然后在选项栏中单击颜色块，最后在弹出的"拾色器（文本颜色）"对话框中设置需要的颜色。

·创建文字变形✗：单击该按钮，打开"变形文字"对话框，在该对话框中可以选择文字变形的方式。

·切换字符和段落面板■：单击该按钮，打开"字符"面板和"段落"面板，用来调整文字格式和段落格式。

输入文字后，在"图层"面板中可以看到新生成了一个文字图层，在图层上有一个字母T，表示当前的图层是文字图层，如图7-5所示，Photoshop会自动按照输入的文字命名新建的文字图层。

图 7-5

文字图层可以随时进行编辑。直接使用文字工具在图像中的文字上拖曳，或双击"图层"面板中文字图层上带有字母T的文字图层缩略图，都可以选中文字，通过文字工具选项栏中的各项设定进行修改。

7.1.2 文字蒙版工具

文字蒙版工具包含"横排文字蒙版工具"■和"直排文字蒙版工具"■两种。使用"横排（或直排）文字蒙版工具"，在画布上单击，图像默认状态下会变为半透明红色，并且出现一个光标，表示可以输入文本，如果觉得文字位置不合适，将鼠标指针放在文本的周围，当它变为箭头时，可以拖曳移动位置。输入文字后，文字将以选区的形式出现，如图7-6所示。在文字选区中，可以填充前景色、背景色及渐变色等，如图7-7所示。

图 7-6　　　　　　　　　图 7-7

> **小提示**
>
> 使用文字蒙版工具输入文字后得到的选区，最好是新建一个图层，再进行填充、渐变或描边等操作。

7.2 创建与编辑文本

在Photoshop中，可以创建点文字、段落文字、路径文字和变形文字等。输入文字以后，可以修改文字，例如，修改文字的大小写、颜色和行距等。此外，还可以检查和更正拼写、查找和替换文本、更改文字的方向等。

7.2.1 创建点文字与段落文字

点文字：使用"横排文字工具"■在画布上单击，输入的文字称为点文字。点文字是一个水平或垂直的文本行，每行文字都是独立的，行的长度随着文字的输入而不断增加，但是不会换行，如图7-8所示。

图 7-8

段落文字：使用"横排文字工具" T.在画布上拖曳，画出一个文本框，输入的文字称为段落文字，如图 7-9 所示。段落文字具有自动换行、可调整文字区域大小等优势，它主要用在文字量大的文本中，如海报或画册等，完成后效果如图 7-10 所示。

图 7-9

图 7-10

7.2.2 创建路径文字

路径文字是指在路径上创建的文字，使用钢笔、直线或形状工具绘制路径，沿着该路径输入文本。文字会沿着路径排列，当改变路径形状时，文字的排列方式也会随之发生改变。

使用"椭圆工具"在图像中绘制如图 7-11 所示的路径，使用"横排文字工具"在路径上单击，输入文字"Not every day cream cakes instead of long fat man."，最终效果如图 7-12 所示。

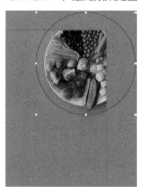
图 7-11

图 7-12

7.2.3 创建变形文字

输入文字以后，在文字工具的选项栏中单击"创建文字变形"按钮 ⚓，打开如图 7-13 所示的对话框，选择变形文字的方式。图 7-14 为原图，选择"花冠"变形样式后，文字变形效果如图 7-15 所示。

图 7-13

图 7-14

图 7-15

变形文字对话框选项介绍

· 水平 / 垂直：选择"水平"选项时，文本扭曲的方向为水平方向；选择"垂直"选项时，文本扭曲的方向为垂直方向。

· 弯曲：用来设置文本的弯曲程度。

· 水平扭曲：用来设置水平方向的透视扭曲变形的程度。

· 垂直扭曲：用来设置垂直方向的透视扭曲变形的程度。

7.2.4 修改文字

使用文字工具输入文字以后，在"图层"面板中双击文字图层，选择所有的文本，此时可以对文字的大小、颜色、大小写、行距、字距、水平 / 垂直缩放等进行设置。图 7-16 为原图，修改字体、大小和位置后，效果如图 7-17 所示。

图 7-16

图 7-17

7.2.5 栅格化文字

Photoshop 中的文字图层不能直接应用滤镜或进行扭曲、透视等变换操作，若要对文本应用这些滤镜或变换，就需要将其栅格化，使文字变成像素图像。栅格化文字图层的方法有以下 3 种。

·第1种：先在"图层"面板中选择文字图层，然后在图层名称上单击鼠标右键，在弹出的菜单中选择"栅格化文字"命令，如图7-18所示，将文字图层转换为普通图层，如图7-19所示。

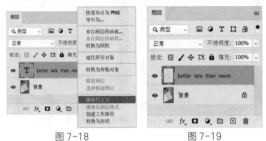

图7-18　　　　　图7-19

·第2种：执行"文字 > 栅格化文字图层"菜单命令。

·第3种：执行"图层 > 栅格化 > 文字"菜单命令。

7.2.6 将文字转换为形状

选择文字图层，在图层名称上单击鼠标右键，在弹出的菜单中选择"转换为形状"命令，如图7-20所示，可以将文字转换为形状图层，如图7-21所示。此外，执行"文字 > 转换为形状"菜单命令也可以将文字图层转换为形状图层。执行"转换为形状"命令以后，不会保留文字图层。

图7-20　　　　　图7-21

7.2.7 将文字转换为工作路径

选择一个文字图层，如图7-22所示，执行"文字 > 创建工作路径"菜单命令，可以将文字的轮廓转换为工作路径（将文字图层的填充不透明度调整为0），如图7-23所示。

图7-22

图7-23

7.3 字符 / 段落面板

在文字工具的选项栏中，只提供了很少的参数选项。如果要对文本进行更多的设置，就需要使用"字符"面板和"段落"面板。

7.3.1 字符面板

"字符"面板中提供了比文字工具选项栏更多的调整选项，如图7-24所示。字体系列、字体样式、字体大小、文字颜色和消除锯齿等都与工具选项栏中的选项相对应。

图7-24

字符面板选项介绍

·设置行距：行距就是上一行文字基线与下一行文字基线之间的距离。选择需要调整的文字图层，输入行距数值或在其下拉列表中选择预设的行距值，图7-25和图7-26分别是行距值为100点和150点时的文字效果。

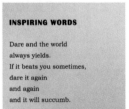

图7-25　　　　　图7-26

·设置两个字符间的字距微调：用于设置两个字符之间的间距，在设置前先在两个字符间单击鼠标左键，设置插入点，如图7-27所示，然后对数值进行设置，图7-28是设置间距为700点时的效果。

| 图 7-27 | 图 7-28 |

· 设置所选字符的字距调整：在选择了字符的情况下，该选项用于调整所选字符之间的间距，如图7-29 所示；在没有选择字符的情况下，该选项用于调整所有字符之间的间距，如图 7-30 所示。

| 图 7-29 | 图 7-30 |

· 设置所选字符的比例间距：在选择了字符的情况下，该选项用于调整所选字符之间的比例间距；在没有选择字符的情况下，该选项用于调整所有字符之间的比例间距。

· 垂直缩放ɪT / 水平缩放ᴵ：这两个选项用于设置字符的高度和宽度。

· 设置基线偏移：用于设置文字与基线之间的距离，该选项的设置可以升高或降低所选文字。

· 特殊字符样式：特殊字符样式包含"仿粗体"ᵀ、"仿斜体"ᵀ、"上标"ᵀ、"下标"ᵀₗ等。

7.3.2 段落面板

"段落"面板提供了用于设置段落编排格式的所有选项。可以设置段落文本的对齐方式和缩进量等参数，如图 7-31 所示。

图 7-31

段落面板选项介绍

· 左对齐文本：文字左对齐，段落右端参差不齐，如图 7-32 所示。

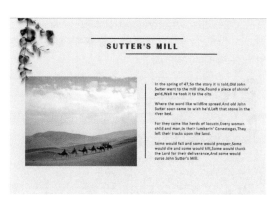

图 7-32

· 居中对齐文本：文字居中对齐，段落两端参差不齐，如图 7-33 所示。

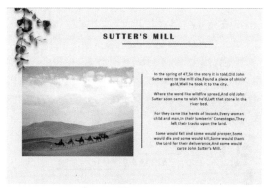

图 7-33

· 右对齐文本：文字右对齐，段落左端参差不齐。

· 最后一行左对齐：最后一行左对齐，其他行左右两端强制对齐。

· 最后一行居中对齐：最后一行居中对齐，其他行左右两端强制对齐。

· 最后一行右对齐：最后一行右对齐，其他行左右两端强制对齐。

· 全部对齐：在字符间添加额外的间距，使文本左右两端强制对齐，如图 7-34 所示。

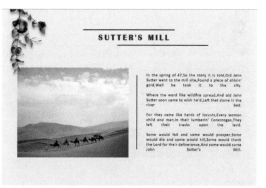

图 7-34

·左缩进：用于设置段落文本向右（横排文字）或向下（直排文字）的缩进量，图 7-35 是设置左缩进为 25 点时的段落效果。

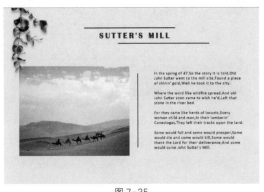

图 7-35

·右缩进：用于设置段落文本向左（横排文字）或向上（直排文字）的缩进量。

·首行缩进：用于设置段落文本中每个段落的第 1 行向右（横排文字）或第 1 列文字向下（直排文字）的缩进量，图 7-36 是首行缩进为 25 点时的段落效果。

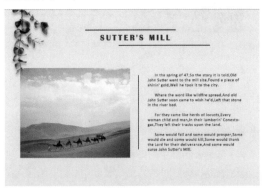

图 7-36

·段前添加空格：设置光标所在段落与前一个段落之间的间隔距离，图 7-37 是段前添加空格为 50 点时的段落效果。

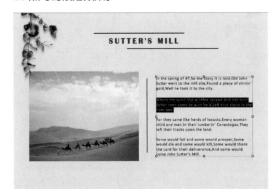

图 7-37

·段后添加空格：设置当前段落与此后一个段落之间的间隔距离。

·避头尾法则设置：不能出现在一行的开头或结尾的字符称为避头尾字符，Photoshop 提供了基于标准 JIS 的宽松和严格的避头尾集，宽松的避头尾设置忽略长元音字符和小平假名字符。选择"JIS 宽松"或"JIS 严格"选项时，可以防止在一行的开头或结尾出现不能使用的字母。

·间距组合设置：间距组合是为日语字符、罗马字符、标点和特殊字符在行开头、行结尾和数字的间距指定日语文本编排。选择"间距组合 1"选项，可以对标点使用半角间距；选择"间距组合 2"选项，可以对行中除最后一个字符外的大多数字符使用全角间距；选择"间距组合 3"选项，可以对行中的大多数字符和最后一个字符使用全角间距；选择"间距组合 4"选项，可以对所有字符使用全角间距。

·连字：勾选该选项以后，在输入英文单词时，如果段落文本框的宽度不够，英文单词将自动换行，并在单词之间用连字符连接起来。

7.4 案例练习

7.4.1 课堂案例：给素材添加半透明水印

实例位置	实例文件 >CH07> 给素材添加半透明水印 .psd
素材位置	素材文件 >CH07> 素材 01.jpg
视频位置	多媒体教学 >CH07> 给素材添加半透明水印 .mp4
技术掌握	文字水印设置方法

本案例主要是针对文字水印的设置方法进行练习，给图像素材添加透明水印，最终效果如图 7-38 所示。

图 7-38

（1）打开 Photoshop 软件，执行"文件 > 打开"菜单命令，在弹出的对话框中选择"素材文件 >CH07> 素材 01.jpg"文件，效果如图 7-39 所示。

图 7-39

（2）按快捷键 Ctrl+Shift+N 新建一个空白图层，选择"矩形选框工具"创建如图 7-40 所示的矩形选区。

图 7-40

（3）按快捷键 Shift+F5，打开"填充"命令窗口，选择内容属性中的"白色"，单击"确定"按钮，按快捷键 Ctrl+D 取消选区，在图层面板中将图层 1 的不透明度修改为 50%，如图 7-41 所示。

图 7-41

（4）选择"直排文字蒙版工具"后，在画布上单击鼠标，光标出现后，输入"谢绝商用"文本，如图 7-42 所示。在属性栏单击对号确定后，文字将以如图 7-43 所示的选区形式出现。

图 7-42　　　　　　　图 7-43

（5）按下 Delete 键删除选区内容，按快捷键 Ctrl+D 取消选区，效果如图 7-44 所示。

图 7-44

（6）储存文件时选择 jpg 格式，就可以对图像素材添加半透明水印。

7.4.2 课后案例：电商直通车设计

实例位置	实例文件 >CH07> 电商直通车设计 .psd
素材位置	素材文件 >CH07> 素材 02.jpg、素材 03.PNG
视频位置	多媒体教学 >CH07> 电商直通车设计 .mp4
技术掌握	电商主图 | 直通车的制作方法

本案例主要学习利用"文字工具"制作电商主图的方法，电商主图一般由"背景""文案"和"商品"3部分构成，本案例最终效果如图 7-45 所示。

（1）打开 Photoshop 软件，执行"文件 > 打开"菜单命令，在弹出的对话框中选择"素材文件 >CH07> 素材 02.jpg"文件，效果如图 7-46 所示。

图 7-45　　　　　图 7-46

（2）选择"横排文字工具"，如图 7-47 所示，设置字体为 Adobe 黑体 Std，字号为 30 点，颜色为蓝色（R=46，G=68，B=94），输入文字"新款上市"，效果如图 7-48 所示，在图层面板中同时得到新款上市文字图层。

图 7-47

图 7-48

（3）继续使用"横排文字工具"，如图 7-49 所示，设置字体为方正小标宋简体，字号为 100 点，颜色为蓝色（R=46，G=68，B=94），输入文字"新品牛仔 特价秒杀"，效果如图 7-50 所示。

图 7-49

图 7-50

（4）执行"图层 > 新建 > 图层"菜单命令，创建一个新的空白图层。选择矩形选框工具，按下鼠标并拖曳，创建如图 7-51 所示的选区，按快捷键 Shift+F5，打开"填充"命令窗口，选择内容属性中的"颜色"，选择蓝色（R=46，G=68，B=94），单击"确定"按钮，按快捷键 Ctrl+D 取消选区，效果如图 7-52 所示。

图 7-51

图 7-52

（5）选择"横排文字工具"，如图 7-53 所示，设置字体为 Adobe 黑体 Std，字号为 32 点，颜色为白色（R=255，G=255，B=255），输入文字"时尚版型/顶级面料/一件包邮"，效果如图 7-54 所示。

图 7-53

图 7-54

（6）选择"横排文字工具"，如图 7-55 所示，设置字体为方正小标宋简体，字号为 70 点，颜色为蓝色（R=46，G=68，B=94），输入文字"全场让利"，效果如图 7-56 所示。

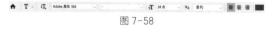

图 7-55

图 7-56

（7）同样的操作，输入文字"满 200 返 15 元"，如图 7-57 所示。

图 7-57

（8）如图 7-58 所示，设置字体为 Adobe 黑体 Std，颜色为红色（R=202、G=14、B=39），输入文字"活动价"和"199"，效果如图 7-59 所示。

图 7-58

图 7-59

（9）执行"图层 > 新建 > 图层"菜单命令，创建一个新的空白图层。选择矩形选框工具，按下鼠标并拖曳，创建如图 7-60 所示的选区，按快捷键 Shift+F5，打开"填充"命令窗口，选择内容属性中的"颜色"，选择红色（R=202、G=14、B=39），单击"确定"按钮，按快捷键 Ctrl+D 取消选区，效果如图 7-61 所示。

图 7-60

图 7-61

（10）如图 7-62 所示，设置字体为 Adobe 黑体 Std，字号为 15 点，颜色为白色（R=255，G=255，B=255），输入文字"立即查看 >>"，效果如图 7-63 所示。

图 7-62

图 7-63

（11）选择除了背景的其他所有图层，执行"图层 > 图层编组"命令（Ctrl+G）进行编组，并将该组重命名为"文案"，如图 7-64 所示。

图 7-64

（12）打开"素材文件 >CH07> 素材 03.PNG"文件，如图 7-65 所示。

图 7-65

（13）选择"移动工具"，将素材 03.PNG 直接拖曳到"文案"组之上，如图 7-66 所示。

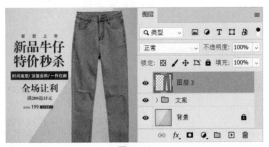

图 7-66

（14）将素材 03.PNG 重命名为"产品"，按快捷键 Ctrl+T 调整素材 03 图层的大小及位置，如图 7-67 所示，即可完成电商直通车的制作。

图 7-67

（15）使用同样的设计思路，还可以设计出如图 7-68 和图 7-69 所示的电商 banner。

图 7-68

图 7-69

第 8 章

路径与矢量工具

Photoshop 中的形状工具可以创建出多种矢量形状，这些工具包含"矩形工具" □、"椭圆工具" ○、"三角工具" △、"多边形工具" ○、"直线工具" ／ 和"自定形状工具" 🐾。

8.1 路径与矢量工具

8.1.1 了解绘图模式

使用 Photoshop 中的"钢笔工具"和"形状工具"可以绘制很多图形，包含"形状""路径"和"像素" 3 种，如图 8-1 所示。在绘图前，要在工具属性栏中选择一种绘图模式才能进行绘制。

图 8-1

❶ 形状

在属性栏中选择"形状"绘图模式，可以在单独的一个形状图层中创建形状图形，并且保留在"路径"面板中，如图 8-2 所示。路径可以转换为选区或创建矢量蒙版，当然也可以对其进行描边或填充。

图 8-2

❷ 路径

在属性栏中选择"路径"绘图模式，可以创建工作路径。工作路径不会出现在"图层"面板中，只出现在"路径"面板中，如图 8-3 所示。

图 8-3

❸ 像素

在属性栏中选择"像素"绘图模式，可以在当前图像上创建出光栅化的图像，如图 8-4 所示。这种绘图模式不能创建矢量图像，因此在"路径"面板中也不会出现路径。

图 8-4

8.1.2 认识路径与锚点

路径和锚点是并列存在的，有路径就必然存在锚点，锚点又是为了调整路径而存在的。

❶ 路径

路径是一种轮廓，它主要有以下 5 点用途。

·第 1 点，可以使用路径作为矢量蒙版来隐藏图层区域。

·第 2 点，将路径转换为选区。

·第 3 点，可以将路径保存在"路径"面板中，以备随时使用。

·第 4 点，可以使用颜色填充或描边路径。

·第 5 点，将图像导出到页面排版或矢量编辑程序时，将已存储的路径指定为剪贴路径，可以使图像的一部分变为透明。

路径可以使用钢笔工具和形状工具来绘制，绘制的路径可以是开放式、闭合式和组合式，如图 8-5~图 8-7 所示。

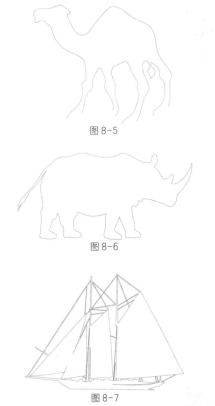

图 8-5

图 8-6

图 8-7

小提示

路径是不能被打印出来的，因为它是矢量对象，不包含像素，只有给路径描边或填充颜色后才能打印出来。

❷ 锚点

路径由一个或多个直线段或曲线段组成，锚点标记路径段的端点。在曲线段上，每个选中的锚点显示一条或两条方向线，方向线以方向点结束，方向线和方向点的位置共同决定了曲线段的大小和形状，如图 8-8 所示。锚点分为平滑点和角点两种类型，由平滑点连接的路径段可以形成平滑的曲线，如图 8-9 所示；由角点连接起来的路径段可以形成直线或转折曲线，如图 8-10 所示。

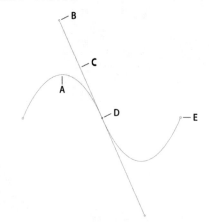

A:曲线段 B.方向点 C.方向线 D.选中的锚点 E.未选中的锚点

图 8-8

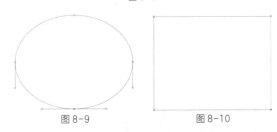

图 8-9   图 8-10

8.1.3 "路径"面板

执行"窗口 > 路径"菜单命令，打开面板，如图 8-11 所示，面板菜单如图 8-12 所示。

图 8-11

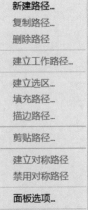

新建路径...
复制路径...
删除路径

建立工作路径...

建立选区...
填充路径...
描边路径...

剪贴路径...

建立对称路径...
禁用对称路径

面板选项...

关闭
关闭选项卡组

图 8-12

路径面板选项介绍

·用前景色填充路径 •：如图 8-13 所示的素材（包含路径），单击该按钮，可以用前景色填充路径区域，效果如图 8-14 所示。

图 8-13

图 8-14

·用画笔描边路径 ○：单击该按钮，可以用设置好的"画笔工具" ✐，如图 8-15 所示，对路径进行描边，效果如图 8-16 所示。

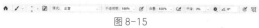
图 8-15

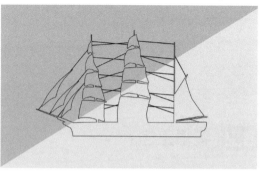
图 8-16

·将路径作为选区载入 ○：单击该按钮，可以将路径转换为选区，效果如图 8-17 所示。

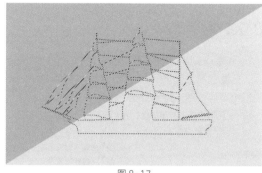
图 8-17

·从选区生成工作路径 ◇：如果当前文档中存在选区，如图 8-18 所示，单击该按钮，可以将选区转换为工作路径，如图 8-19 所示。

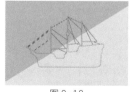
图 8-18

图 8-19

·添加蒙版 ▣：单击该按钮，可以从当前选定的路径生成蒙版。如图 8-20 所示的素材，按住 Ctrl 键，在"路径"面板中单击"添加蒙版"按钮 ▣，即可用当前路径为"图层 1"添加一个矢量蒙版，如图 8-21 所示，图像窗口效果如图 8-22 所示。

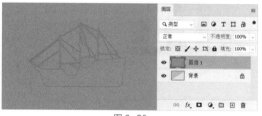
图 8-20

图 8-21

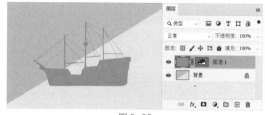
图 8-22

·创建新路径 ▣：单击该按钮，可以创建一个新的路径。

·删除当前路径 🗑：将路径拖曳到该按钮上，可以将其删除。

8.1.4 绘制与运算路径

"钢笔工具"和"形状工具"可以创建多个子路径或子形状，在如图 8-23 所示的工具属性栏中单击"路径操作"按钮 ▣，在弹出的如图 8-24 所示的下拉菜单中选择一个运算方式，以确定子路径的重叠区域会产生什么样的交叉结果。

图 8-23

图 8-24

下面通过两个形状图层来讲解路径的运算方法，图 8-25 是原有的帆船图形，图 8-26 是要添加到帆船图形上的长方形图形。

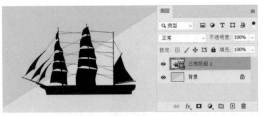

图 8-25

图 8-26

路径运算方式介绍

· 新建图层 ▣：选择该选项，可以新建形状图层，图层会以新的图层出现，如图 8-27 所示。

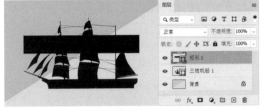

图 8-27

· 合并形状 ▣：选择该选项，新绘制的图形将添加到原有的形状中，使两个形状合并为一个形状，如图 8-28 所示。

图 8-28

· 减去顶层形状 ▣：选择该选项，可以从原有的形状中减去新绘制的形状，如图 8-29 所示。

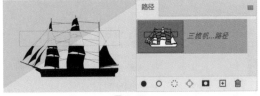

图 8-29

· 与形状区域相交 ▣：选择该选项，可以得到新形状与原有形状的交叉区域，如图 8-30 所示。

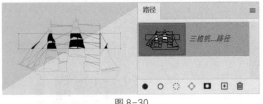

图 8-30

· 排除重叠形状 ▣：选择该选项，可以得到新形状与原有形状重叠部分以外的区域，如图 8-31 所示。

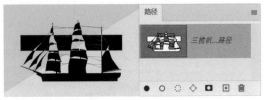

图 8-31

· 合并形状组件 ▣：选择该选项，可以合并重叠的形状组件。

8.2 编辑路径

路径绘制好以后，如果需要修改，可以使用控制锚点的方法调整路径的形状。

8.2.1 钢笔工具

Photoshop 提供了如图 8-32 所示的多种钢笔工具。标准钢笔工具可用于精确绘制直线段和曲线；自由钢笔工具可用于绘制路径，就像用铅笔在纸上绘图一样；使用内容感知描摹工具，可以自动执行图像描摹流程；弯度钢笔工具，可以直观地绘制曲线和直线段。使用 Shift+P 组合键可循环切换各类钢笔工具。

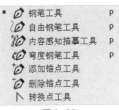

图 8-32

> **小提示**
>
> 如果您的钢笔工具里没有"内容感知描摹工具"，您可以先执行"首选项 > 技术预览"命令，如图 8-33 所示启用内容感知描摹工具，然后重新启动 Photoshop 即可添加"内容感知描摹工具"。

图 8-33

"钢笔工具" 是最基本、最常用的路径绘制工具，使用该工具可以绘制任意形状的直线或曲线路径，其属性栏如图 8-34 所示。

图 8-34

钢笔工具面板选项介绍

·绘图模式：如图 8-35 所示，包含"形状""路径"和"像素"3 种，但是像素模式不能使用。

·建立：单击"选区"按钮 选区... ，可以将当前路径转换为选区；单击"蒙版"按钮 蒙版 ，可以基于当前路径为当前图层创建矢量蒙版；单击"形状"按钮 形状 ，可以将当前路径转换为形状。

·设置其他钢笔和路径选项 ✿：单击该按钮，如图 8-36 所示，可以对路径的粗细和颜色进行设置。如果勾选"橡皮带"选项，可以让您在移动指针时预览两次单击之间的路径段。

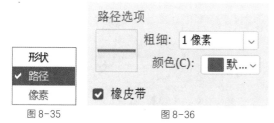

图 8-35　　　　图 8-36

·"自动添加 / 删除"选项：此选项可让您在单击线段时添加锚点，或在单击锚点时删除锚点。

❶ 绘制直线路径

使用标准钢笔工具 ✐,可以绘制的最简单路径是直线路径，方法是选择钢笔工具，在所需创建直线路径的起点单击，就可以定义第一个锚点（不要拖曳），这个锚点也叫起始锚点，如图 8-37 所示。再次单击可以创建第二个锚点，两个锚点之间就会产生一条直线路径，如图 8-38 所示。另外，后添加的锚点总是显示为实心方形，表示已选中状态，而前面添加的锚点会变成空心，表示被取消选择。

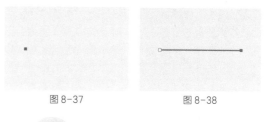

图 8-37　　　　　　　　图 8-38

小提示

单击第二个锚点之前，您绘制的第一条直线路径不可见，只有创建了第二个锚点，才会出现直线路径。

如果希望直线路径结束，只需按住 Ctrl 键后在图像任意位置单击鼠标即可，效果如图 8-39 所示。而继续单击鼠标可以创建由角点连接的直线组成的路径，如图 8-40 所示。

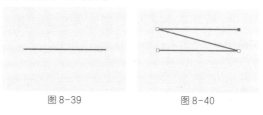

图 8-39　　　　　　　　图 8-40

小提示

要闭合路径，将钢笔工具移动到第一个（空心）锚点上，如果放置的位置是正确的，钢笔工具指针旁会出现一个小圆圈，单击或拖曳就可以闭合路径，效果如图 8-41 所示。

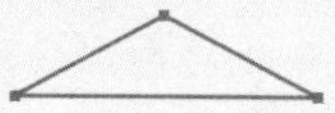

图 8-41

❷ 绘制曲线路径

选择钢笔工具，将钢笔工具定位到曲线的起点，并按下鼠标左键拖曳，就可以设置要创建曲线路径的斜度，松开鼠标左键，效果如图 8-42 所示，若要创建 C 形曲线，将钢笔工具定位到希望曲线段结束的位置，先向前一条方向线的相反方向拖曳，然后松开鼠标左键即可，效果如图 8-43 所示。若要创建 S 形曲线，请先按照与前一条方向线相同的方向拖曳，然后松开鼠标左键效果，如图 8-44 所示。

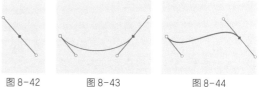

图 8-42　　　　图 8-43　　　　图 8-44

如果希望直线路径结束，只需按住 Ctrl 键后在图像任意位置单击鼠标即可，效果如图 8-45 所示。

要闭合路径，将钢笔工具移动到第一个（空心）锚点上，如果放置的位置是正确的，钢笔工具指针旁会出现一个小圆圈，单击或拖曳就可以闭合路径，效果如图 8-46 所示。

图 8-45

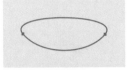
图 8-46

❸ 绘制有曲线的直线路径

选择钢笔工具，单击如图 8-47 所示的两个位置创建直线路径，单击第二个锚点并拖曳显示它的方向线，如图 8-48 所示，将钢笔放置到所需的下一个锚点位置，单击（在需要时还可拖曳）这个新锚点就可以创建如图 8-49 所示的曲线路径。按住 Ctrl 键后，在图像任意位置单击鼠标，即可得到如图 8-50 所示的路径。

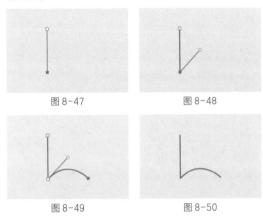

图 8-47　　　　　图 8-48

图 8-49　　　　　图 8-50

小提示

如何高效率使用钢笔工具？

配合 Alt 键，删掉影响曲线路径的方向线。

配合 Ctrl 键，结束路径的绘制。如果要结束正在创建的开口路径，按住 Ctrl 键，在路径外任意地方单击即可。

8.2.2 自由钢笔工具

自由钢笔工具 可用于随意绘图，就像用铅笔在纸上绘图一样。绘图时，无须确定锚点的位置，按下鼠标左键拖曳，软件将自动添加锚点，释放鼠标，工作路径就创建完毕。要创建闭合路径，将鼠标拖曳到路径的初始点即可，图 8-51 就是用自由钢笔工具创建的闭合路径。

图 8-51

小提示

要控制最终路径对鼠标移动的灵敏度，可以单击属性栏中设置其他钢笔和路径选项 ，为如图 8-52 所示的"曲线拟合"输入介于 0.5 到 10.0 像素之间的值。此值越高，创建的路径锚点越少，路径越简单。

图 8-52

图 8-53 为自由钢笔工具 的属性栏，在属性栏中勾选"磁性的"后，自由钢笔工具 会变为磁性钢笔工具，它和磁性套索工具的用法类似，可以绘制与图像中定义区域的边缘对齐的路径，如图 8-54 所示。

图 8-53

图 8-54

小提示

磁性钢笔是自由钢笔工具的选项，您可以定义对齐方式的范围和灵敏度，以及所绘路径的复杂程度。单击属性栏设置其他钢笔和路径选项 ，如图 8-55 所示，可以对"宽度""对比""频率"进行设置。对于"宽度"，请输入介于 1 和 256 之间的像素值，磁性钢笔只检测从指针开始指定距离以内的边缘；为

"对比"输入介于 1 到 100 之间的百分比值,指定将该区域看作边缘所需的像素对比度,此值越高,图像的对比度越低;为"频率"输入介于 0 到 100 之间的值,指定钢笔设置锚点的密度,此值越高,路径锚点的密度越大。

图 8-55

8.2.3 内容感知描摹工具

内容感知描摹工具在 2020 版 Photoshop 中作为技术预览引入,借助此工具,您只需将鼠标悬停在图像边缘并单击,即可创建矢量路径。使用时先选择内容感知描摹工具,再将鼠标悬停在对象边缘上,即可将其高亮显示,如图 8-56 所示,单击鼠标即可为对象边缘创建如图 8-57 所示的路径。

图 8-56　　　　　　　　图 8-57

图 8-58 为内容感知描摹工具的属性栏。描摹模式("详细""正常"和"简化")会在处理描摹之前调整图像的细节化或纹理化程度。调整"细节"滑块时,Photoshop 会显示可看到的边缘预览,向右移动滑块会增加 Photoshop 检测的边缘量,向左移动滑块会减少检测到的边缘量,图 8-59 和图 8-60 分别是细节为 10% 和 50% 时显示的边缘。

图 8-58

图 8-59　　　　　　　　图 8-60

8.2.4 弯度钢笔工具

弯度钢笔工具可让您以轻松的方式绘制平滑曲线和直线段。使用这个直观的工具,您可以在设计中创建自定义形状,或定义精确的路径,以便毫不费力地优化您的图像。在执行该操作的时候,您根本无须

切换工具就能创建、切换、编辑、添加或删除平滑点或角点。

选择弯度钢笔工具,单击鼠标创建如图 8-61 所示的第一个锚点,再次单击定义第二个锚点,如图 8-62 所示完成路径的第一段,路径的第一段最初显示为画布上的一条直线。根据接下来绘制的是曲线段还是直线段,Photoshop 会对它进行相应的调整,如果绘制的下一段是曲线段,Photoshop 将自动调整第一段曲线与下一段曲线之间的弧度,让它们平滑地关联。图 8-63 就是在适当位置单击鼠标添加第三个锚点后,软件自动调整的路径效果,继续单击即可得到如图 8-64 所示的效果。

图 8-61　　　　　　　　图 8-62

图 8-63　　　　　　　　图 8-64

小提示

使用弯度钢笔工具创建路径时,如果希望路径的下一段变弯曲,单击鼠标即可,如果希望路径的下一段变直线,需要双击鼠标,图 8-65 就是使用弯度钢笔工具创建的路径。

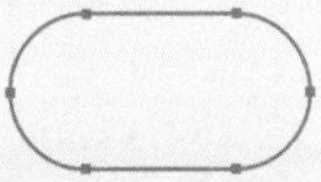

图 8-65

8.2.5 锚点简介(添加、删除、转换)

❶ 在路径上添加锚点

使用"添加锚点工具"可以在路径上添加锚点。将鼠标指针放在如图 8-66 所示的路径处(绿色圆圈内),当鼠标指针变成形状时,在路径上单击即可添加一个锚点,如图 8-67 所示。添加锚点以后,可以用"直接选择工具"对锚点进行调节,如图 8-68 所示。

图 8-66

图 8-67 图 8-68

❷ 删除路径上的锚点

使用"删除锚点工具" ，可以删除路径上的锚点。将鼠标指针放在如图 8-69 所示的锚点处（绿色圆圈内），当鼠标指针变成 形状时，单击即可删除锚点，如图 8-70 所示。

图 8-69 图 8-70

> **小提示**
>
> 路径上的锚点越多，这条路径就越复杂，而越复杂的路径就越难编辑，这时最好先使用"删除锚点工具" 删除多余的锚点，降低路径的复杂程度后再对其进行相应的调整。

❸ 转换路径上的锚点

"转换点工具" 主要用来转换锚点的类型。将鼠标指针放在如图 8-71 所示的平滑点处（绿色圆圈内），在平滑点上单击，即可将平滑点转换为角点，效果如图 8-72 所示；在角点上按住鼠标并拖曳可以将角点转换为平滑点，效果如图 8-73 所示。

图 8-71 图 8-72

图 8-73

8.2.6 路径选择工具

使用"路径选择工具" ，可以选择单个的路径，也可以选择多个路径，同时它还可以用来组合、对齐和分布路径，如图 8-74 和图 8-75 所示，其属性栏如图 8-76 所示。

图 8-74 图 8-75

图 8-76

> **小提示**
>
> "移动工具" 不能用来选择路径，只能用来选择图像，只有用"路径选择工具" 才能选择路径。

8.2.7 直接选择工具

"直接选择工具" 主要用来选择路径上的单个或多个锚点，可以移动锚点、调整方向线，如图 8-77 和图 8-78 所示。"直接选择工具" 的属性栏如图 8-79 所示。

图 8-77 图 8-78

图 8-79

8.2.8 变换路径

变换路径与变换图像的方法完全相同。先在"路径"面板中选择路径，然后如图 8-80 所示，执行"编辑 > 自由变换路径"菜单命令或执行"编辑 > 变换路径"菜单下的命令，即可对其进行相应的变换。如图 8-81 所示的路径，变换后效果如图 8-82 所示。

图 8-80

图 8-81

图 8-82

8.2.9 将路径转换为选区

使用钢笔或形状工具绘制出路径以后,如图 8-83 所示,可以通过以下 3 种方法将路径转换为选区。

图 8-83

· 第 1 种: 直接按快捷键 Ctrl+Enter 载入路径的选区,如图 8-84 所示。

图 8-84

· 第 2 种: 在路径上单击鼠标右键,在弹出的菜单中选择"建立选区"命令,如图 8-85 所示。另外,也可以在属性栏中单击"选区"按钮 选区… 。

图 8-85

· 第 3 种: 按住 Ctrl 键在"路径" 面板中单击路径的缩略图,或单击"将路径作为选区载入"按钮,如图 8-86 所示。

图 8-86

8.3 形状工具组

形状工具组包含的"矩形工具" ,可以创建矩形或圆角矩形;"椭圆工具" ,可以创建圆;"三角工具" ,可以创建三角形或圆角三角形"多边形工具" ,可以创建多边形;"直线工具" ,可以创建直线;"自定形状工具" ,可以创建动物、树、船、花卉等形状。

8.3.1 矩形工具

使用"矩形工具" ,可以创建出正方形、矩形和圆角矩形,其使用方法与"矩形选框工具" 类似。在绘制时,按住 Shift 键可以绘制出正方形;按住 Alt 键可以以鼠标单击点为中心绘制矩形;按住快捷键 Shift+Alt 可以以鼠标单击点为中心绘制正方形。图 8-87 为矩形工具的属性栏。

图 8-87

矩形工具选项介绍

· 矩形选项: 单击该按钮,可以在弹出的下拉面板中设置矩形的创建方法,如图 8-88 所示。

图 8-88

· 不受约束: 勾选该选项,可以绘制出任何大小的矩形。

方形: 勾选该选项,可以绘制出任何大小的正方形。

固定大小: 勾选该选项后,可以在其后面的数值输入框中输入宽度(W)和高度(H),在图像上单击即可创建出矩形。

比例: 勾选该选项后,可以在其后面的数值输入框中输入宽度(W)和高度(H)比例,此后创建的矩形始终保持这个比例。

从中心: 以任何方式创建矩形时,勾选该选项,鼠标单击点即为矩形的中心。

圆角半径 ：设置创建的矩形圆角半径。默认半径为 0，创建的矩形为直角矩形，当半径设置数值后，创建的矩形为圆角矩形，如图 8-89 所示。

图 8-89

·对齐边缘：勾选该选项后，可以使矩形的边缘与像素的边缘相重合，这样图形的边缘就不会出现锯齿，反之则会出现锯齿。

举例：

在如图 8-90 所示的背景上，利用矩形工具创建一个 App 图标。选择"矩形工具"，在属性栏选择"模式"为"形状"，"填充"颜色为 R=50，G=180，B=200，圆角半径为 200 像素，如图 8-91 所示。

图 8-90

图 8-91

打开素材后，在图像窗口按住鼠标并拖曳，创建宽高为 900 像素 ×900 像素，圆角为 200 像素的圆角矩形，如图 8-92 所示。

图 8-92

选择"矩形工具"，如图 8-93 所示，在属性栏选择"类型"为"形状"，"填充"颜色为 R=85，G=200，B=220，圆角半径为 0 像素，在图像窗口按住鼠标并拖曳，创建宽高为 1200 像素 ×550 像素的矩形（覆盖圆角矩形的上半部分），图像窗口显示效果如图 8-94 所示。

图 8-93

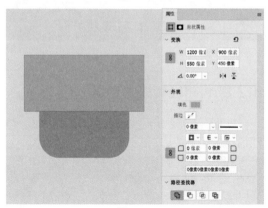

图 8-94

按快捷键 Alt+Ctrl+G，为"矩形 1"图层添加剪贴蒙版，如图 8-95 所示。选择"横排文字工具"，输入数字，如图 8-96 所示，得到一个日历 App 图标。

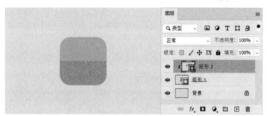

图 8-95

图 8-96

8.3.2 椭圆工具

使用"椭圆工具"  可以创建出椭圆和圆形，其属性栏如图 8-97 所示。如果要创建椭圆，可以拖曳鼠标进行创建即可；如果要创建圆形，可以按住 Shift 键或快捷键 Shift+Alt（以鼠标单击点为中心）进行创建，其设置选项如图 8-98 所示。图 8-99 的播放按钮中外圈的圆就是用椭圆工具创建的。

图 8-97

图 8-98　　　　　　　　　图 8-99

8.3.3 三角工具

使用"三角工具" △ 可以创建如图 8-100 所示的尖角三角形和圆角三角形，其属性栏如图 8-101 所示。图 8-102 所示的播放按钮中内圈的三角形就是用三角工具创建的。

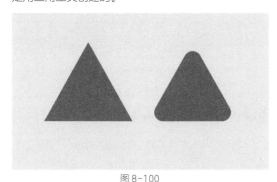

图 8-100

♠ △ ∨ 形状 ∨ 填充： ■ 描边： ⅃ 1 像素 ∨ ── ∨ W：0 像素 ∞ H：0 像素

◻ ⊾ ✿ ◠ 0 像素 ☐ 对齐边缘

图 8-101

图 8-102

8.3.4 多边形工具

使用"多边形工具" ◎ 可以创建出正多边形（最少为 3 条边）和星形，其属性栏如图 8-103 所示。属性栏中设置选项如图 8-104 所示。如图 8-105 和图 8-106 所示，网店"收藏"标志就是用多边形工具创建的。

图 8-103

图 8-105

图 8-104　　　　　　　　图 8-106

多边形工具选项介绍

·边：设置多边形的边数，设置为 3 时，可以创建出正三角形；设置为 5 时，可以绘制出五边形。

> **小提示**
>
> 在创建多边形时，可以先在属性栏设置好边数，然后在画布上拖曳鼠标即可得到相应边数的多边形；也可以在画布上单击，在如图 8-107 所示的弹出的"创建多边形"对话框中设置相应的参数，单击"确定"按钮即可。

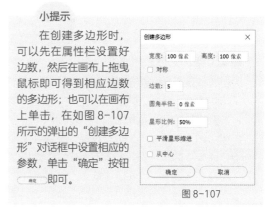

图 8-107

·多边形选项 ✿：单击该按钮，可以打开多边形选项面板，在该面板中设置多边形的半径，或将多边形创建为星形等。

半径：用于设置多边形或星形的"半径"长度。设置好"半径"数值以后，在画布中拖曳鼠标即可创建出相应半径的多边形或星形。

平滑拐角：勾选该选项以后，可以创建出具有平滑拐角效果的多边形或星形。

星形：勾选该选项后，可以创建星形，下面的"缩进边依据"选项主要用来设置星形边缘向中心缩进的百分比，数值越高，缩进量越大。

平滑缩进：勾选该选项后，可以使星形的每条边向中心平滑缩进。

8.3.5 直线工具

使用"直线工具"可以创建出直线和带有箭头的路径，其属性栏如图 8-108 所示。其设置选项如图

8-109 所示。如图 8-110 所示的"我的账户"和"我的钱包"之间的分割线就是使用直线工具创建的。

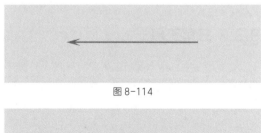

图 8-108

图 8-109　　　　　图 8-110

直线工具选项介绍

· 粗细：设置直线或箭头线的粗细。

· 箭头选项：单击该按钮，可以打开箭头选项面板，在该面板中设置箭头的样式。

起点 / 终点：勾选"起点"选项，可以在直线的起点处添加箭头，如图 8-111 所示；勾选"终点"选项，可以在直线的终点处添加箭头，如图 8-112 所示；勾选"起点"和"终点"选项，则可以在直线两头都添加箭头，如图 8-113 所示。

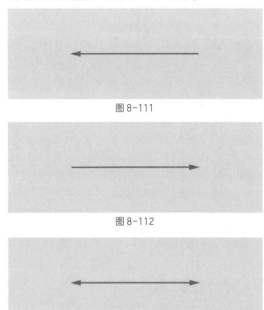

图 8-111

图 8-112

图 8-113

宽度：用来设置箭头宽度与直线宽度的百分比。

长度：用来设置箭头长度与直线长度的百分比。

凹度：用来设置箭头的凹陷程度，范围为 −50% ~50%。值为 0% 时，箭头尾部平齐；值大于 0% 时，箭头尾部向内凹陷，如图 8-114 所示；值小于 0% 时，箭头尾部向外凸出，如图 8-115 所示。

图 8-114

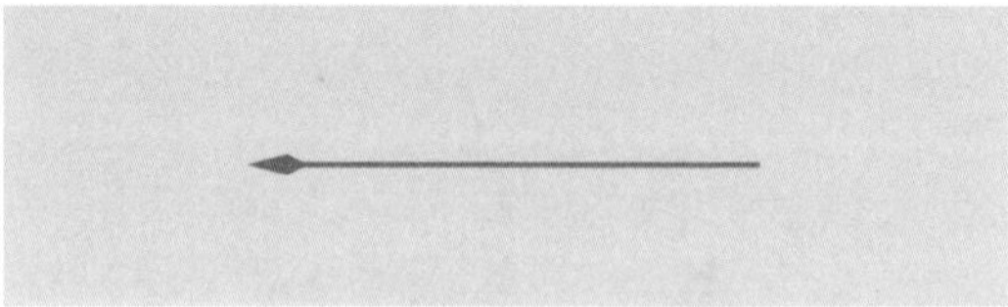

图 8-115

8.3.6　自定形状工具

使用"自定形状工具" 可以创建出非常多的形状，其选项设置如图 8-116 所示。这些形状既可以是 Photoshop 的预设，也可以是自定义或加载的外部形状。如图 8-117 所示的帆船就是使用自定形状工具创建的。

图 8-116

图 8-117

小提示

在属性栏中单击 图标，打开"自定形状"拾色器，如图 8-118 所示，可以看到 Photoshop 提供的各种形状。

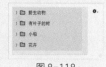

图 8-118

8.4 案例练习

8.4.1 课堂案例：登录／注册按钮设计

实例位置	实例文件 >CH08> 登录／注册按钮设计 .psd
素材位置	素材文件 >CH08> 素材 01.jpg
视频位置	多媒体教学 >CH08> 登录／注册按钮设计 .mp4
技术掌握	矩形工具的使用

本案例主要介绍使用"矩形工具"制作按钮的方法，最终制作的按钮效果如图 8-119 所示。

（1）打开 Photoshop 软件，执行"文件 > 打开"菜单命令，在弹出的对话框中选择"素材文件 >CH08> 素材 01.jpg"文件，如图 8-120 所示。

图 8-119

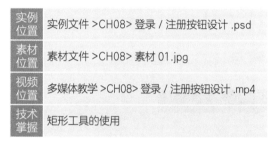

图 8-120

（2）选择"矩形工具"，如图 8-121 所示，在属性栏选择"类型"为"形状"，填充颜色为橙色（R=220，G=98，B=56），在图像窗口按住鼠标并拖曳，创建宽高为 4400 像素 ×540 像素的矩形，如图 8-122 所示。

图 8-121

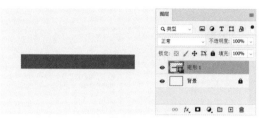

图 8-122

（3）选择"横排文字工具"，输入"登录"文字，如图 8-123 所示，就可以得到一个简单的纯色背景按钮。

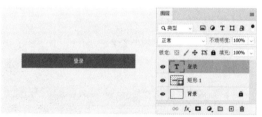

图 8-123

（4）根据以上方法，在后期就可以轻松设计出所需按钮，图 8-124 为登录按钮图标的简单应用。

（5）也可以给矩形添加一个圆角，让登录按钮变成如图 8-125 所示的圆角矩形，还可以使用其他颜色填充形状，效果如图 8-126 所示。

图 8-124   图 8-125   图 8-126

（6）使用同样的设计思路，可以使用矩形工具和椭圆工具等形状工具轻松设计出各种按钮，如图 8-127 所示的登录／注册按钮、如图 8-128 所示的搜索栏、如图 8-129 所示的进度条。

图 8-127　　　　　　　　图 8-128

图 8-129

8.4.2 课后案例：电商首页"热卖爆款"板块设计

实例位置	实例文件 >CH08> 电商首页"热卖爆款"板块设计 .psd
素材位置	素材文件 >CH08> 素材 02.jpg~ 素材 07.jpg
视频位置	多媒体教学 >CH08> 电商首页"热卖爆款"板块设计 .mp4
技术掌握	电商首页设计方法

本案例主要学习利用"文字工具""矢量工具"及"剪贴蒙版"等知识制作电商首页"热卖爆款"板块，本案例最终效果如图 8-130 所示。

图 8-130

（1）打开 Photoshop 软件，执行"文件 > 打开"菜单命令，在弹出的对话框中选择"素材文件 >CH08> 素材 02.jpg"文件，如图 8-131 所示。

图 8-131

（2）选择"矩形工具"，如图 8-132 所示，在属性栏选择"类型"为"形状"，填充颜色为暗红色（R=186，G=28，B=49），在图像窗口按住鼠标并拖曳，创建宽高为 1200 像素 ×250 像素的矩形，如图 8-133 所示。

图 8-132

图 8-133

（3）根据第 7 章所学的文字知识，选择"横排文字工具"，创建如图 8-134 所示的文本。

图 8-134

（4）选择"矩形工具"，如图 8-135 所示，在属性栏选择"类型"为"形状"，填充颜色为深红色（R=165，G=33，B=36），在图像窗口按住鼠标并拖曳，创建宽高为 850 像素 ×125 像素的矩形。创建文字图层输入文字"查看更多款式 >>"，如图 8-136 所示。

图 8-135

图 8-136

（5）选择除了背景图层的所有图层，按快捷键 Ctrl+G 编组，并将该组重命名为"热卖爆款标题"，如图 8-137 所示。

图 8-137

（6）选择"矩形工具"，如图 8-138 所示在属性栏选择"类型"为"形状"，填充颜色为蓝色（R=50，G=70，B=95），在图像窗口按住鼠标并拖曳，创建宽高为 500 像素 ×720 像素的矩形，如图 8-139 所示，并将该图层重命名为"模板 1"。

图 8-138

图 8-139

（7）选择"横排文字工具"，输入文字"RMB:299"，如图 8-140 所示。

图 8-140

（8）选择"矩形工具"，在属性栏选择"类型"为"形状"，填充颜色为红色（R=186，G=28，B=49），在图像窗口按住鼠标并拖曳，创建宽高为 105 像素 ×23 像素的矩形，如图 8-141 所示。创建文字图层并输入文字"立即查看 >>"，如图 8-142 所示。

图 8-141

图 8-142

（9）选择和价格相关的 4 个图层，按快捷键 Ctrl+G 编组，并将该组重命名为"价格"，如图 8-143 所示。

（10）选择"模板 1"图层，打开"素材文件 >CH08> 素材 03.jpg"文件，如图 8-144 所示。

图 8-143

图 8-144

（11）选择"移动工具"，将素材03直接拖曳到"模板1"图层上，并调整素材03图层的大小及位置，如图8-145所示。按快捷键Alt+Ctrl+G创建剪切蒙版（后期要更新产品时，只需替换图片即可），效果如图8-146所示。

图8-145

图8-146

（12）选择价格组、图层1、模板1图层，按快捷键Ctrl+G编组，并将该组重命名为"模板1"，如图8-147所示。

图8-147

（13）使用同样的方式，创建其他4个模板，如图8-148所示。

图8-148

（14）载入素材04~素材07，使用同样的方式制作模板，如图8-149所示。

图8-149

（15）根据以上方法，以及第7章所学的文字知识，后期就可以设计出如图8-150所示的电商首页和如图8-151所示的电商详情页。

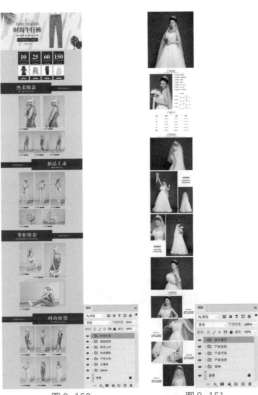

图8-150   图8-151

第 9 章

蒙版

在 Photoshop 中处理图像时，常常需要隐藏一部分图像，使它们不显示出来，蒙版就是这样一种可以隐藏图像的工具。Photoshop 中，蒙版分为图层蒙版、剪贴蒙版、快速蒙版和矢量蒙版，这些蒙版都具有各自的功能。图层蒙版在一定程度上和橡皮擦的功能相似，它可以控制图层的显示程度，但是优于橡皮擦的地方在于，它可以擦除内容，也可以将已经擦除的内容恢复回来，并且蒙版上的操作对原图是无损的；剪贴蒙版是用下方某个轮廓较小图层的内容（形状），来遮挡它上方图层的内容，形成一种选择性遮挡；矢量蒙版可以任意放大或缩小，并且不会影响清晰度，它在后期的可调整性非常好；快速蒙版可以通过画笔涂抹来创建选区，而且画笔的灰度可以控制选区的不透明度。

9.1 图层蒙版

图层蒙版是所有蒙版中非常重要的一种，也是实际工作中使用频率最高的工具之一，它可以用来隐藏、修饰、合成图像等。另外，在创建调整图层、填充图层、创建式填充以及为智能对象添加智能滤镜时，Photoshop 会自动为图层添加一个图层蒙版，在添加的这个图层蒙版中可以对调色范围、填充范围、创成式填充范围，以及滤镜应用区域进行调整。

9.1.1 图层蒙版的工作原理

图层蒙版是将不同灰度数值转换为不同的透明度，并作用到它所在的图层，使图层不同部位的透明度产生相应的变化。可以将它理解为在当前图层上面覆盖了一层玻璃，这种玻璃有透明、半透明和不透明 3 种，前者显示全部图像，中间若隐若现，后者隐藏图像，在 Photoshop 中，图层蒙版遵循"黑透、白不透"的工作原理。

打开一个包含"狐狸"和"背景"两个图层的素材，如图 9-1 所示，如果给狐狸图层添加一个白色的图层蒙版，此时图像窗口中将完全显示"狐狸"图层的内容。

图 9-1

如图 9-2 所示，如果给"狐狸"图层添加一个黑色的图层蒙版，此时图像窗口中将完全隐藏"狐狸"图层，只显示"背景"图层的内容。

图 9-2

如图 9-3 所示，如果给"狐狸"图层添加一个灰色的图层蒙版（R=155，G=155，B=155），此时图像窗口中"狐狸"图层将以半透明的形式显示。

图 9-3

小提示

除了可以在图层蒙版中填充颜色，还可以在图层蒙版中填充渐变色；同样，也可以使用不同的画笔工具来编辑蒙版。此外，还可以在图层蒙版中应用各种滤镜效果。

如图 9-4 所示，如果给"狐狸"图层添加一个由白色到黑色的图层蒙版，此时图像窗口中"狐狸"图层将以由实到虚的形式显示。

图 9-4

9.1.2 创建图层蒙版

创建图层蒙版的方法有很多种，既可以直接在图层面板中进行创建，也可以从选区或图像中生成图层蒙版。

❶ 在菜单栏中创建图层蒙版

选择要添加图层蒙版的图层，在菜单栏执行"图层 > 图层蒙版 > 显示全部 / 隐藏全部"命令，可以为当前图层添加一个白色 / 黑色的图层蒙版，如图 9-5 和图 9-6 所示。

图 9-5　　　　　　　　图 9-6

❷ 在图层面板中创建图层蒙版

选择要添加图层蒙版的图层，在图层面板下单击"添加图层蒙版"按钮 ▣，如图 9-7 所示，可以为当前图层添加一个图层蒙版，如图 9-8 所示。

图 9-7　　　　　　　　图 9-8

❸ 从选区生成图层蒙版

如果当前图像中存在选区，如图 9-9 所示，单击图层面板下的"添加图层蒙版"按钮，可以基于当前选区为图层添加图层蒙版，选区以外的图像将被蒙版隐藏，如图 9-10 所示。

图 9-9

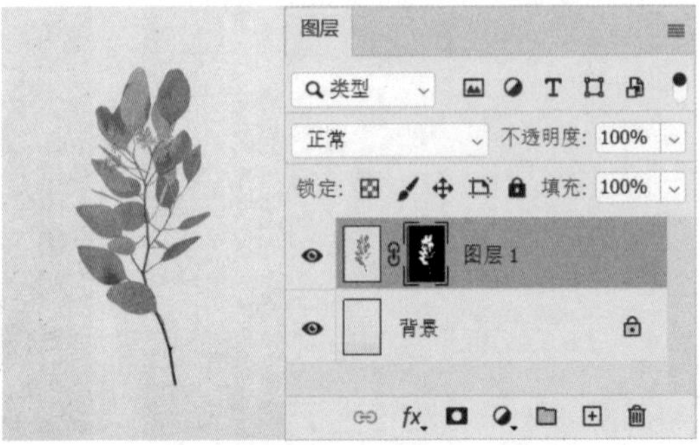

图 9-10

创建选区蒙版以后，可以在属性面板中调整羽化数值，以模糊蒙版，制作出朦胧的效果，如图9-11和图9-12所示。

图 9-11

图 9-12

9.1.3 应用图层蒙版

在图层蒙版缩略图上单击鼠标右键，在弹出的菜单中选择"应用图层蒙版"命令，如图9-13所示，可以将蒙版应用在当前图层中，如图9-14所示。应用图层蒙版以后，蒙版效果将会应用到图像上，也就是说蒙版中的黑色区域将被删除，白色区域将被保留下来，而灰色区域将呈透明效果。

图 9-13   图 9-14

9.1.4 停用 / 启用 / 删除图层蒙版

在操作中，有时候需要暂时隐藏蒙版效果，这个时候就可以停用蒙版，再次使用的时候又可以启用蒙版，当然也可以直接删除蒙版。

❶ 停用图层蒙版

停用图层蒙版，有以下两种方法。

· 第1种: 执行"图层 > 图层蒙版 > 停用"菜单命令，或在图层蒙版缩略图上单击鼠标右键，在弹出的菜单中选择"停用图层蒙版"命令，如图9-15和图9-16所示。停用蒙版后，在"属性"面板的缩览图和图层面板中的蒙版缩略图中都会出现一个红色的交叉线 ×。

图 9-15   图 9-16

· 第2种: 选择图层蒙版，在"属性"面板下单击"停用/启用蒙版"按钮 ●，如图9-17所示。

图 9-17

❷ 重新启用图层蒙版

在停用图层蒙版以后，如果要重新启用图层蒙版，可以采用以下 3 种方法。

· 第 1 种: 执行"图层 > 图层蒙版 > 启用"菜单命令，或在蒙版缩略图上单击鼠标右键，在弹出的菜单中选择"启用图层蒙版"命令，如图9-18和图9-19所示。

图 9-18   图 9-19

·第2种：在蒙版缩略图上单击，即可重新启用图层蒙版。

·第3种：选择蒙版，在"属性"面板的下面单击"停用 / 启用蒙版"按钮●。

❸ 删除图层蒙版

如果要删除图层蒙版，可以采用以下3种方法。

·第1种：执行"图层 > 图层蒙版 > 删除"菜单命令，或在蒙版缩略图上单击鼠标右键，在弹出的菜单中选择"删除图层蒙版"命令，如图 9-20 和图 9-21 所示。

图 9-20　　　　　　　　　　图 9-21

·第2种：将蒙版缩略图拖曳到图层面板下面的"删除图层"按钮●上，如图 9-22 所示，在弹出的对话框中单击"删除"按钮 删除，如图 9-23 所示。

图 9-22　　　　　　　　　　图 9-23

·第3种：选择蒙版，在"属性"面板中单击"删除蒙版"按钮●。

9.1.5 转移 / 替换 / 拷贝图层蒙版

在操作中，有时候需要将某一个图层的蒙版用于其他图层上，这时可以将图层蒙版转移到目标图层上；也可以使用一个图层蒙版去替换另一个图层蒙版；还可以将一个图层蒙版拷贝到其他图层上。

❶ 转移图层蒙版

如果要将某个图层的蒙版转移到其他图层上，可以将蒙版缩略图拖曳到目标图层上，如图 9-24 和图 9-25 所示。

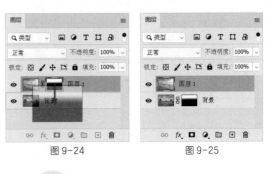

图 9-24　　　　　　　　　　图 9-25

小提示

将图层蒙版转移到其他图层上，该图层不能是被锁定的背景图层，否则如图 9-26 所示，图层蒙版不能转移。一定要转移到被锁定的背景图层，则需要先将背景图层解锁。

图 9-26

❷ 替换图层蒙版

如果要用一个图层的蒙版替换掉另外一个图层的蒙版，可以将该图层的蒙版缩略图拖曳到目标图层的蒙版缩略图上，如图 9-27 所示，在弹出的对话框中单击"是"按钮 是(Y)，如图 9-28 所示。替换图层蒙版以后，"图层 1"的蒙版将被删除，同时"图层 0"的蒙版会被换成"图层 1"的蒙版，如图 9-29 所示。

图 9-27

图 9-28　　　　　　　　　　图 9-29

❸ 拷贝图层蒙版

如果要将一个图层的蒙版拷贝到另外一个图层上，可以按住 Alt 键将蒙版缩略图拖曳到目标图层上，如图 9-30 和图 9-31 所示。

图 9-30   图 9-31

9.1.6 "调整图层"中的图层蒙版

对图像添加"调整图层"后，会发现在每个调整图层中都自带了一个图层蒙版，对图像调整后您可以对这个图层蒙版随时进行无损的、可逆的编辑。例如对如图 9-32 所示的素材，执行"图层 > 新建调整图层 > 色相 / 饱和度"命令，添加一个如图 9-33 所示的"色相 / 饱和度"调整图层，在图层面板中即可看到该图层自带一个白色的图层蒙版。如图 9-34 所示调整色相参数后，即可得到如图 9-35 所示的效果，选择"渐变工具"给这个调整图层拉一个由黑到白的渐变，即可得到如图 9-36 所示的效果。

图 9-32

图 9-33

图 9-34

图 9-35

图 9-36

9.1.7 AI 插件 Firefly 智能生成填充中的图层蒙版

通过 AI 插件智能填充的图像，Photoshop 软件会在"图层面板"中生成一个带有图层蒙版的单独图层，您可以对这个图层蒙版随时进行无损的、可逆的编辑。例如，对如图 9-37 所示的素材裁剪、创建选区、智能扩展后，即可得到如图 9-38 所示的效果，在图层面板中，如图 9-39 所示可以看到生成了一个可以随时修饰的图层蒙版。

图 9-37

图 9-38   图 9-39

9.2 剪贴蒙版

剪贴蒙版技术非常重要，它可以用一个图层中的图像来控制处于上层图像的显示范围，并且可以针对多个图像。另外，可以为一个或多个调整图层创建剪贴蒙版，使其只针对一个图层进行调整。

9.2.1 剪贴蒙版的工作原理

剪贴蒙版一般应用于文字、形状和图像之间的相互合成。剪贴蒙版由两个或多个图层构成，处于下方的图层被称为基底图层，用于控制其上方的图层显示区域，而上方图层被称为内容图层。

有如图 9-40 所示的包含 3 个图层的图像素材，最下方是白色"背景"图层，中间是如图 9-41 所示的"基层"图层（灰色棋盘格表示透明），上方是如图 9-42 所示的"内容"图层，下方两个图层被上方的图层所覆盖，所以图像窗口只能看到内容图层。

图 9-40

图 9-41

图·9-42

对"内容"图层使用剪贴蒙版，即可得到如图 9-43 所示的图像效果，可以看到基底图层的不透明区域将在剪贴蒙版中显示它上方图层的内容。图 9-44 为图层面板状态，可以看到剪切蒙版中的基底图层名称带有下划线，内容图层的缩览图是缩进的，基底图层和内容图层叠加图层将显示一个剪贴蒙版图标。

图 9-43

图 9-44

9.2.2 创建与释放剪贴蒙版

在操作中，需要使用剪贴蒙版的时候可以为图层创建剪贴蒙版，不需要的时候可以通过操作释放剪贴蒙版，释放剪贴蒙版后原来的剪贴蒙版会变回一个正常的图层。

❶ 创建剪贴蒙版

打开一个图像，如图 9-45 所示，这个图像中包含 3 个图层，"背景"图层、"基层"图层和"内容"图层。下面就以这个图像来讲解创建剪贴蒙版的 3 种常用方法。基层如图 9-46 所示。

图 9-45

图 9-46

·第1种: 选择"内容"图层, 执行"图层 > 创建剪贴蒙版"菜单命令或按快捷键 Alt+Ctrl+G, 可以将"内容"图层和"基层"图层创建为一个剪贴蒙版组, 创建剪贴蒙版以后, "内容"图层就只显示"基层"图层的区域, 如图 9-47 所示。

图 9-47

小提示

剪贴蒙版虽然可以应用在多个图层中, 但是这些图层不能是隔开的, 必须是相邻的图层。

·第2种: 在"内容"图层的名称上单击鼠标右键, 在弹出的菜单中选择"创建剪贴蒙版"命令, 如图 9-48 所示, 即可将"内容"图层和"基层"图层创建为一个剪贴蒙版组, 如图 9-49 所示。

图 9-48　　　　　　图 9-49

·第3种: 按住 Alt 键, 将光标放在"内容"图层和"基层"图层之间的分隔线上, 待光标变成↓□形状时单击, 如图 9-50 所示, 这样也可以将"内容"图层和"基层"图层创建为一个剪贴蒙版组, 如图9-51所示。

图 9-50　　　　　　图 9-51

❷ 释放剪贴蒙版

创建剪贴蒙版以后, 如果要释放剪贴蒙版, 可以采用以下 3 种方法。

·第1种: 选择"内容"图层, 执行"图层 > 释放剪贴蒙版"菜单命令或按快捷键 Alt+Ctrl+G, 即可释放剪贴蒙版。释放剪贴蒙版以后, "内容"图层就不再受"基层"图层的控制, 如图 9-52 所示。

图 9-52

·第2种: 在"内容"图层的名称上单击鼠标右键, 在弹出的菜单中选择"释放剪贴蒙版"命令, 如图 9-53 所示。

图 9-53

·第3种: 按住 Alt 键, 将光标放置在"内容"图层和"基层"图层之间的分隔线上, 如图 9-54 所示, 待鼠标指针变成形状↓□时单击。

图 9-54

9.2.3 编辑剪贴蒙版

剪切蒙版作为图层, 也具有图层的属性, 可以对"不透明度"及"混合模式"进行调整。在一个剪贴蒙版中最少包含两个图层, 如图 9-55 所示。处于下

面的图层为基底图层，如图 9-56 所示，位于其上面
的图层统称为内容图层，如图 9-57 所示。

图 9-59

内容图层 →
基底图层 →

图 9-55

图 9-56　　　　　　图 9-57

❶ 编辑基底图层

　　基底图层只有一个，它决定了位于其上面图像的
显示范围。如果对基底图层进行移动、变换等操作，
那么上面的图像也会随之受到影响，例如向下移动基
底图层，效果如图 9-58 所示。

图 9-58

　　当对基底图层的"不透明度"和"混合模式"进
行调整时，整个剪切蒙版组中的所有图层都会以设
置的不透明度数值及混合模式进行混合，如图 9-59
所示。

❷ 编辑内容图层

　　内容图层可以是一个或多个。对内容图层的操作
不会影响基底图层，但是对其进行移动、变换等操作
时，其显示范围也会随之而改变，例如放大内容图层，
效果如图 9-60 所示。

图 9-60

　　当对内容图层的"不透明度"和"混合模式"进
行调整时，不会影响到剪切蒙版组中的其他图层，而
只与基底图层混合，如图 9-61 所示。

图 9-61

9.3 快速蒙版和矢量蒙版

9.3.1 快速蒙版

❶ 快速蒙版的工作原理

通过画笔来创建选区，快速蒙版本身用来暂时存储选区。

❷ 创建快速蒙版

在菜单栏执行"选择 > 在快速蒙版模式下编辑（Q）"命令即可给图层添加快速蒙版。如图9-62所示，添加了快速蒙版的图层会带有颜色。

图 9-62

小提示

单击工具箱中"以快速蒙版模式编辑" ⓘ 也可以为图层添加快速蒙版，如图9-63所示。

图 9-63

❸ 编辑快速蒙版

如图9-64所示，先执行"选择 > 在快速蒙版模式下编辑（Q）"命令，给素材添加快速蒙版，然后选择"画笔工具"，绘制如图9-65所示的效果，绘制完成后执行"选择 > 在快速蒙版模式下编辑（Q）"命令，即可给绘制区域添加选区，如图9-66所示。

图 9-64

图 9-65   图 9-66

如图9-67所示，在上下文任务栏中单击"创成式填充"命令选项，并输入"白云"的英文"White Clouds"，在上下文任务栏中直接单击"生成"选项。等生成的进度条的完成度为100%后，即可得到如图9-68所示的效果。

图 9-67

图 9-68

小提示

双击工具箱里"以快速蒙版模式编辑"图标 ⓘ，弹出如图9-69所示的"快速蒙版选项"选项卡，可以设置色彩指示的位置是被蒙版区域，还是所选区域，也可以设置画笔的颜色和不透明度。

图 9-69

❹ 快速蒙版中的画笔

给素材添加快速蒙版后，画笔颜色的深浅用来控制选区的不透明度，颜色越浅选区的不透明度越小，颜色越深选区的不透明度越大。

如图9-70所示的素材，先执行"选择 > 在快速蒙版模式下编辑（Q）"命令，给素材添加快速蒙版，然后选择"画笔工具"，设置颜色为黑色（R=0、G=0、B=0），绘制如图9-71所示的效果。绘制完成后执行"选择 > 在快速蒙版模式下编辑（Q）"命令，即可给绘制区域添加如图9-72所示的选区，执行"编辑 > 填充"命令，选择黑色进行填充后，执行"选择 > 取消选择"命令，得到如图9-73所示的效果。

图 9-70

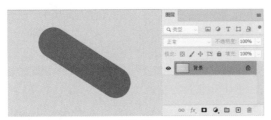

图 9-71

图 9-72

图 9-73

同样的素材，先执行"选择 > 在快速蒙版模式下编辑（Q）"命令，给素材添加快速蒙版，然后选择"画笔工具"，设置颜色为灰色（R=120、G=120、B=120），绘制如图 9-74 所示的效果。绘制完成后执行"选择 > 在快速蒙版模式下编辑（Q）"命令，即可给绘制区域添加如图 9-75 所示的选区，执行"编辑 > 填充"命令，选择黑色进行填充后，执行"选择 > 取消选择"命令，得到如图 9-76 所示的效果。

图 9-74

图 9-75

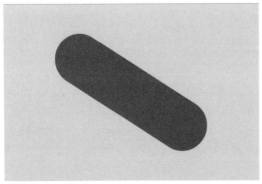

图 9-76

小提示

上面的例子中，使用不同深浅颜色的画笔，看起来创建的选区一模一样，但是选区的透明度是不同的。这个功能在利用 AI 插件 Firefly 智能生成像空中的云、海里的鱼、雾里的森林等素材时，选择灰色画笔生成的效果会更自然。

9.3.2 矢量蒙版

❶ 矢量蒙版的工作原理

矢量蒙版是一种使用路径来控制目标图层显示与隐藏的蒙版，可以任意放大或缩小，不会因放大或缩小影响清晰度。可以使用钢笔或形状工具等绘制路径而创建，并且可随时用路径工具修改形状。

❷ 添加显示或隐藏整个图层的矢量蒙版

有如图 9-77 所示的包含两个图层的素材，在"图层"面板中，先选择要添加矢量蒙版的"图层 1"，如果要创建显示整个图层的矢量蒙版，执行"图层 > 矢量蒙版 > 显示全部"命令，效果如图 9-78 所示。如果要创建隐藏整个图层的矢量蒙版，执行"图层 > 矢量蒙版 > 隐藏全部"命令，效果如图 9-79 所示。

图 9-77

图 9-78

图 9-79

❸ 添加显示形状内容的矢量蒙版

对于如图 9-80 所示的存在路径的图像，执行"图层 > 矢量蒙版 > 当前路径"命令也可以为素材添加矢量蒙版，如图 9-81 所示。

图 9-80

图 9-81

❹ 编辑矢量蒙版

在"图层"面板中，选择包含要编辑的矢量蒙版的图层，单击"属性"面板中的"矢量蒙版"按钮，或单击"路径"面板中的缩览图，使用形状、钢笔或直接选择工具更改形状。

如图 9-82 所示的素材，含有"图层 1"和"背景"两个图层。选择"矩形工具"，在属性栏中选择"路径"和"合并形状"，如图 9-83 所示。在图像窗口创建如图 9-84 所示的路径。

图 9-82

图 9-83

图 9-84

执行"图层 > 矢量蒙版 > 当前路径"命令，为"图层 1"添加矢量蒙版，如图 9-85 所示，矢量蒙版中的灰色表示当前图层完全变透明，矢量蒙版中的白色表示当前图层透明度不发生改变。

图 9-85

小提示

在工具箱中选择路径工具，可随时修改矢量蒙板，图 9-86 是修改完圆角半径后的效果。

图 9-86

❺ 更改矢量蒙版不透明度或羽化蒙版边缘

如图 9-87 所示，在"图层"面板中，选择包含矢量蒙版的图层，在如图 9-88 所示的"属性"面板中，单击"矢量蒙版"按钮 ▣，拖曳"密度"滑块调整蒙版的不透明度，或拖曳"羽化"滑块羽化蒙版的边缘，效果如图 9-89 所示。

图 9-87

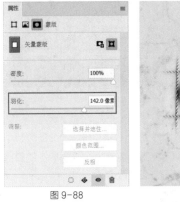

图 9-88

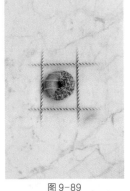

图 9-89

❻ 删除矢量蒙版

如果要移去矢量蒙版，可以采用以下两种方法。如图 9-90 所示，先在矢量蒙版缩略图上单击鼠标右键，然后在弹出的菜单中选择"删除矢量蒙版"命令，或者在"属性"面板下单击"删除蒙版"按钮 ▣，如图 9-91 所示。

图 9-90

图 9-91

❼ 停用或启用矢量蒙版

如果要停用矢量蒙版，可以采用以下两种方法。

第 1 种：执行"图层 > 矢量蒙版 > 停用"菜单命令，或先在矢量蒙版缩略图上单击鼠标右键，然后在弹出的菜单中选择"停用矢量蒙版"命令，如图 9-92 和图 9-93 所示。停用蒙版后，在"属性"面板的缩览图和图层面板中的蒙版缩略图中都会出现一个红色的交叉线 ×。

图 9-92   图 9-93

第 2 种：选择矢量蒙版，在"属性"面板下单击"停用 / 启用蒙版"按钮 ☞，如图 9-94 所示。

图 9-94

启用矢量蒙版时，单击"属性"面板中的"停用 / 启用蒙版"按钮，或执行"图层 > 矢量蒙版 > 启用"即可。

将矢量蒙版转换为图层蒙版

如果要将矢量蒙版转换为图层蒙版，执行"图层 > 栅格化 > 矢量蒙版"命令，或先在矢量蒙版缩略图上单击鼠标右键，然后在弹出的菜单中选择"栅格化矢量蒙版"命令，如图 9-95 和图 9-96 所示。

图 9-95   图 9-96

小提示

将矢量蒙版栅格化后，您将无法再将其更改回矢量对象。

9.4 案例练习

9.4.1 课堂案例：合成双重曝光效果

实例位置	实例文件 >CH09> 操作练习：合成双重曝光效果 .psd
素材位置	素材文件 >CH09> 素材 01.jpg、素材 02.jpg
视频位置	多媒体教学 >CH09> 操作练习：合成双重曝光效果 .mp4
技术掌握	图层蒙版的使用

这个案例要求利用图层蒙版给两张图像创建双重曝光效果，合成过程主要使用了图层蒙版和画笔工具，最终效果如图 9-97 所示。

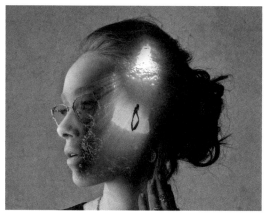

图 9-97

（1）打开 Photoshop 软件，执行"文件 > 打开"菜单命令，在弹出的对话框中选择"素材文件 >CH09> 素材 01.jpg"文件，如图 9-98 所示。

图 9-98

（2）使用同样的方式打开素材 02.jpg，并用移动工具将它拖到素材 01.jpg 表面得到图层 1，效果如图 9-99 所示。

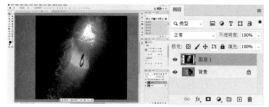

图 9-99

（3）使用快捷键 Ctrl+T 自由变换，调整图层 1 的大小及位置，如图 9-100 所示。

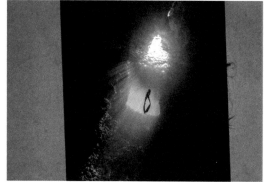

图 9-100

（4）在图层面板中，如图 9-101 所示，先隐藏图层 1 并选择背景图层，然后选择对象选择工具在图像窗口单击人像，创建如图 9-102 所示的选区。

图 9-101

图 9-102

（5）在图层面板中，如图 9-103 所示显示图层 1 并选择图层 1，此时图像窗口效果如图 9-104 所示。

图 9-103

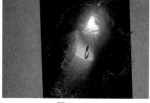

图 9-104

（6）在图层面板中，如图 9-105 所示，单击添加图层蒙版按钮 ▣ 给图层 1 添加图层蒙版，效果如图 9-106 所示。

图 9-105

163

图 9-106

（7）设置前景色为白色，选择柔边画笔工具，如图 9-107 所示设置画笔大小为 500 左右，不透明度为 50% 左右，对人像周围区域进行涂抹，让海洋与人像自然融合，最终效果如图 9-108 所示。

图 9-107

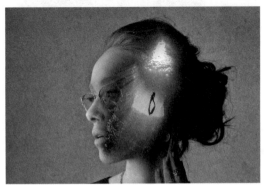

图 9-108

9.4.2 课后案例：用剪贴蒙版创建拼贴海报

实例位置	实例文件 >CH09> 操作练习：用剪贴蒙版创建拼贴海报 .psd
素材位置	素材文件 >CH09> 素材 03.psd
视频位置	多媒体教学 >CH09> 操作练习：用剪贴蒙版创建拼贴海报 .mp4
技术掌握	剪贴蒙版的使用

这个案例要求利用剪贴蒙版将素材图像创建为拼贴海报效果，最终效果如图 9-109 所示。

（1）打开 Photoshop 软件，执行"文件 > 打开"菜单命令，在弹出的对话框中选择"素材文件 >CH09> 素材 03.psd"文件，如图 9-110 所示，该素材包含两个图层。

图 9-109

图 9-110

（2）按下快捷键 Ctrl+Shift+N，新建一个空白图层，重命名为白底，如图 9-111 所示。

图 9-111

（3）选择矩形选框工具，创建如图 9-112 所示的选区，先按下快捷键 Shift+F5，打开填充命令窗口，将该选区填充为白色，然后按下快捷键 Ctrl+D 取消选区，效果如图 9-113 所示。

图 9-112

图 9-113

（4）执行"图层 > 图层样式 > 投影"菜单命令，设置如图 9-114 所示的参数，给白底图层添加一个如图 9-115 所示的投影。

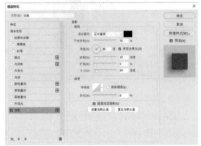

图 9-114

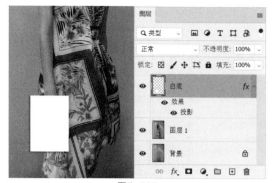

图 9-115

（5）按下快捷键 Ctrl+Shift+N，新建一个空白图层，重命名为黑底，如图 9-116 所示。

图 9-116

（6）选择矩形选框工具，创建如图 9-117 所示的较小的选区，先按下快捷键 Shift+F5，打开填充命令窗口，将该选区填充为黑色，然后按下快捷键 Ctrl+D 取消选区，效果如图 9-118 所示。

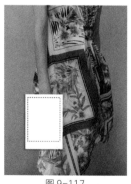

图 9-117　　　　　　图 9-118

（7）选择移动工具，在图层面板中将图层 1 移动到黑底图层之上，如图 9-119 所示。

（8）选择图层 1，执行"图层 > 创建剪贴蒙版"菜单命令，为图层 1 添加剪贴蒙版，效果如图 9-120 所示。

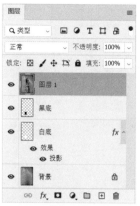

图 9-119

图 9-120

（9）按住 Ctrl 键，同时选择黑底和白底两个图层，如图 9-121 所示，按下快捷键 Ctrl+T，对这两个图层的位置和方向进行调整，如图 9-122 所示，切勿调整它们的大小。

图 9-121　　　　　　图 9-122

（10）按住 Ctrl 键，同时选择图层 1、黑底和白底 3 个图层，按下快捷键 Ctrl+G，为这 3 个图层创建如图 9-123 所示的组 1。

（11）选择刚才创建的组 1，按下快捷键 Ctrl+J 复制组 1，得到如图 9-124 所示的组 1 拷贝。

图 9-123 　　　　　　　　图 9-124

　　（12）打开组 1 拷贝，按住 Ctrl 键，同时选择
黑底和白底两个图层，如图 9-125 所示，按下快捷
键 Ctrl+T，对这两个图层的位置和方向进行调整，如
图 9-126 所示。

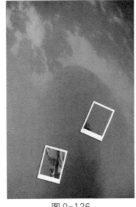

图 9-125 　　　　　　　　图 9-126

　　（13）按下快捷键 Ctrl+J 复制组 1 拷贝，得到
组 1 拷贝 2。打开组 1 拷贝 2，按住 Ctrl 键，同时选
择黑底和白底两个图层，按下快捷键 Ctrl+T，对这
两个图层的位置和方向进行调整，效果如图 9-127
所示。

图 9-127

　　（14）重复上一步很多次，如图 9-128 所示，
该案例复制了"组 1" 23 次。

　　（15）此时图像窗口效果如图 9-129 所示。

图 9-128

图 9-129

第 10 章

通道

通道作为图像的组成部分，它和图像的格式密不可分，不同的图像色彩和格式决定了通道的数量与模式，这些在通道面板中可以直观地看到。通过通道可建立精确的选区，多用于抠图和调色。

10.1.1 通道的类型

Photoshop 中有 3 种不同的通道，分别是颜色通道、Alpha 通道和专色通道，它们的功能各不相同。

❶ 颜色通道

打开一个图像素材的"通道"面板，默认显示的通道称为颜色通道。这些通道的名称与图像本身的颜色模式相对应，常用的两种颜色模式中，一种是 RGB 颜色模式，相对应的通道名称为红、绿和蓝，如图 10-1 所示。另一种是 CMYK 颜色模式，相对应的通道名称为青色、洋红、黄色和黑色，如图 10-2 所示。

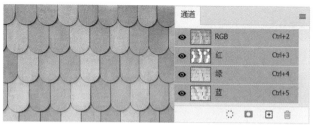

图 10-1

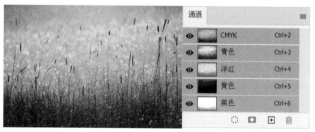

图 10-2

通道是用来存储构成图像信息的灰度图像（黑白灰）。以 RGB 色彩模式为例，通道里白色表示含有该颜色的像素，越白表示含有的像素越多，越黑表示含有的像素越少。如图 10-3 所示的素材，分别分析它的红、绿、蓝 3 个通道，来说明通道的原理。

图 10-3

在通道面板中，单击红通道的缩览图，通道面板只会选择红通道，得到如图 10-4 所示的灰度图像。原图像中最上方的 1/3 图像从深红一直延伸到浅红，这 1/3 都偏向红色，所以在红通道的灰度图像里，这一块全是白色。其他两块区域中因为原图右侧有一部分白色，而白色是由红、绿、蓝组成的，所以这两块区域中不同程度的红色显示不同级别的灰色。

功能1：在"通道"面板下单击"将选区存储为通道"按钮 ▫，可以创建一个 Alpha1 通道，同时选区会存储到通道中，这就是 Alpha 通道的第1个功能，即存储选区，如图 10-8 所示。

图 10-8

在通道面板中，单击绿通道的缩览图，通道面板只会选择绿通道，得到如图 10-5 所示的灰度图像。原图像中位于中间的 1/3 图像从深绿一直延伸到浅绿，这 1/3 都偏向绿色，所以在绿通道的灰度图像里，这一块全是白色。其他两块区域中因为原图右侧有一部分白色，而白色是由红、绿、蓝组成的，所以这两块区域中不同程度的绿色显示不同级别的灰色。

图 10-5

功能2：单击 Alpha1 通道，将其单独选中，此时文档窗口中将显示如图 10-9 所示的黑白图像，这是 Alpha 通道的第2个功能，即存储黑白图像，其中黑色区域表示不能被选择的区域，白色区域表示可以选择的区域（如果有灰色区域，表示可以被部分选中）。

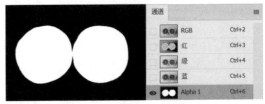

图 10-9

在通道面板中，单击蓝通道的缩览图，通道面板只会选择蓝通道，得到如图 10-6 所示的灰度图像。原图像中最下方的 1/3 图像从深蓝一直延伸到浅蓝，这 1/3 都偏向蓝色，所以在蓝通道的灰度图像里，这一块全是白色。其他两块区域中因为原图右侧有一部分白色，而白色是由红、绿、蓝组成的，所以这两块区域中不同程度的蓝色显示不同级别的灰色。

图 10-6

功能3：在"通道"面板下单击"将通道作为选区载入"按钮 ▫ 或按住 Ctrl 键并单击 Alpha1 通道的缩略图，可以载入 Alpha1 通道的选区，这就是 Alpha 通道第3个功能，即可以从 Alpha 通道中载入选区，如图 10-10 所示。

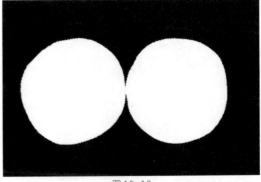

图 10-10

❷ Alpha 通道

在认识 Alpha 通道之前先打开一张图像，该图像中包含一个如图 10-7 所示的选区。下面就以这张图像来讲解 Alpha 通道的主要功能。

图 10-7

❸ 专色通道

专色通道主要用来指定用于专色油墨印刷的附加印版。它可以保存专色信息，同时也具有 Alpha 通道的特点。每个专色通道只能存储一种专色信息，而且是以灰度形式来存储的。专色通道的名称通常是所使用的油墨颜色的名称。

小提示

除了位图模式，其余所有的色彩模式图像都可以建立专色通道。

10.1.2 通道面板

在 Photoshop 中，要对通道进行操作，就必须使用"通道"面板。执行"窗口 > 通道"菜单命令，即可打开"通道"面板。"通道"面板会根据图像文件颜色模式显示通道数量，图 10-11 为素材文件，图 10-12、图 10-13 和图 10-14 分别为 RGB 颜色模式、CMYK 颜色模式、Lab 颜色模式下的"通道"面板。

图 10-11　　　　　　图 10-12

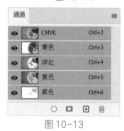

图 10-13　　　　　　图 10-14

在"通道"面板中单击即可选中一个通道，选中的通道会以高亮的方式显示，这时就可以对该通道进行编辑，也可以按住 Shift 键单击选中多个通道。

通道面板选项介绍

·将通道作为选区载入 ○：单击该按钮，可以将通道中的图像载入选区，按住 Ctrl 键单击通道缩览图也可以将通道中的图像载入选区。

·将选区存储为通道 ▢：如果图像中有选区，单击该按钮，可以将选区中的内容存储到自动创建的 Alpha 通道中。

·创建新通道 ▣：单击该按钮，可以新建一个 Alpha 通道。

·删除当前通道 🗑：将通道拖曳到该按钮上，可以删除选择的通道。·

10.1.3 新建 Alpha 通道

在 Photoshop 默认状态下是没有 Alpha 通道和专色通道的，要得到这两个通道需要手动操作，下面

介绍新建这两个通道的方法。

如果要新建 Alpha 通道，可以在"通道"面板下面单击"创建新通道"按钮 ▣，如图 10-15 和图 10-16 所示。

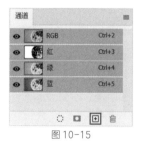

图 10-15　　　　　　图 10-16

10.1.4 新建专色通道

如果要新建专色通道，可以在如图 10-17 所示的"通道"面板的菜单中选择"新建专色通道"命令，在出现的选项卡中确定名称和油墨颜色后按下确定键，如图 10-18 所示，即可得到一个专色通道。

图 10-17　　　　　　图 10-18

10.1.5 快速选择通道

在"通道"面板中，可以选择某个通道进行单独操作，也可以隐藏 / 显示、删除、拷贝、合并已有的通道，或对其位置进行调换等操作。

在"通道"面板中的每个通道后面有对应的 Ctrl+ 数字，例如在图 10-19 中，绿通道后面有快捷键 Ctrl+4，这就表示按快捷键 Ctrl+4 可以单独选择绿通道，如图 10-20 所示。同理，按快捷键 Ctrl+3 可以单独选择红通道，按快捷键 Ctrl+5 可以单独选择蓝通道。

图 10-19　　　　　　图 10-20

10.1.6 复制与删除通道

如果要拷贝通道,可以采用以下 3 种方法(注意,不能拷贝复合通道)。

第 1 种:在面板菜单中选择"复制通道"命令,即可将当前通道进行拷贝,如图 10-21 和图 10-22 所示。

图 10-21　　　　　图 10-22

第 2 种:在通道上单击鼠标右键,在弹出的菜单中选择"复制通道"命令,如图 10-23 所示。

第 3 种:直接将通道拖曳到"创建新通道"按钮 上,如图 10-24 所示。

图 10-23　　　　　图 10-24

10.2 通道的高级操作

10.2.1 用通道调色

通道调色是一种高级调色技术。可以对一张图像的单个通道应用各种调色命令,从而达到调整图像中单种色调的目的。下面用"曲线"命令来说明如何用通道进行调色。

如图 10-25 所示,用它来说明通道调色原理。

图 10-25

按快捷键 Ctrl+M 打开"曲线"对话框,单独选择红通道,将曲线向上拉,增加图像中的红色数量,如图 10-26 所示;将曲线向下拉,减少图像中的红色(增加青色),如图 10-27 所示。

图 10-26

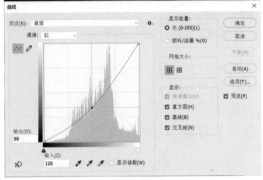

图 10-27

单独选择绿通道，将曲线向上拉，增加图像中的绿色数量，如图 10-28 所示；将曲线向下拉，减少图像中的绿色（增加洋红色），如图 10-29 所示。

单独选择蓝通道，将曲线向上拉，增加图像中的蓝色数量，如图 10-30 所示；将曲线向下拉，减少图像中的蓝色（增加黄色），如图 10-31 所示。

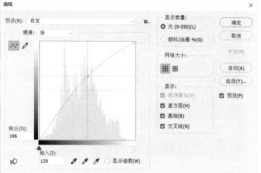

图 10-28

图 10-30

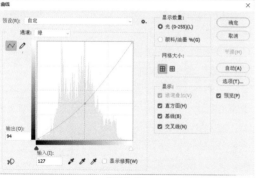

图 10-29

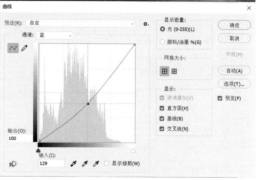

图 10-31

10.2.2 用通道抠图

使用通道抠取图像是一种常见的抠图方法，常用于抠取毛发、云朵、烟雾及半透明的婚纱等。在用通道抠图时，需要明白通道中黑色表示隐藏，白色表示显现，不同的灰色表示不同程度的透明度。通道抠图主要是利用图像的色相差别或明度差别来创建选区，在操作过程中可以多次重复使用"亮度/对比度""曲线"和"色阶"等调整命令，以及画笔、加深和减淡等工具对通道进行调整，以得到最精确的选区，最后复制选区内容即可。

如图 10-32 所示的半透明的素材，先观察各个通道，复制黑白对比度较大的那个，利用色阶和画笔加深复制通道的黑白对比度，然后按住 Ctrl 键，单击复制通道缩览图载入选区，最后恢复 RGB 通道的可见性，复制即可抠出所需图像，换到新的背景下可以得到如图 10-33 所示的效果。

图 10-32

图 10-33

10.3 案例练习

10.3.1 课堂案例：改变图像的色调

实例位置	实例文件 >CH10> 操作练习：改变图像的色调 .psd
素材位置	素材文件 >CH10> 素材 01.jpg
视频位置	多媒体教学 >CH10> 操作练习：改变图像的色调 .mp4
技术掌握	通道的使用

如图 10-34 所示的素材，要求将图像夏天偏绿的色调调整为秋天偏黄的色调。

图 10-34

（1）打开 Photoshop 软件，执行"文件 > 打开"菜单命令，在弹出的对话框中选择"素材文件 > CH10> 素材 01.jpg"文件，如图 10-35 所示。

图 10-35

（2）执行"图层 > 新建调整图层 > 曲线"命令，打开"曲线"命令窗口，如图 10-36 所示。

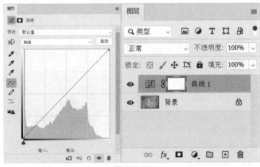
图 10-36

（3）选择"红"通道，如图 10-37 所示调整曲线，增加图像中的红色，减少图像中的青色；选择"绿"通道，如图 10-38 所示调整曲线，减少图像中的绿色，增加图像中的洋红色；选择"蓝"通道，如图 10-39 所示调整曲线，减少图像中的蓝色，增加图像中的黄色，即可将素材调整成秋天偏红、偏黄的色调，效果如图 10-40 所示。

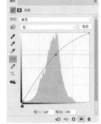
图 10-37

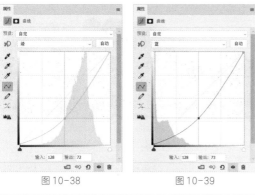

图 10-38   图 10-39

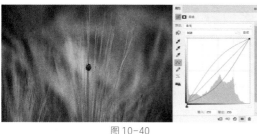

图 10-40

10.3.2 课后案例：复杂图像的抠图

实例 位置	实例文件 >CH10> 操作练习：复杂图像的抠图 .psd
素材 位置	素材文件 >CH10> 素材 02.jpg
视频 位置	多媒体教学 >CH10> 操作练习：复杂图像的抠图 .mp4
技术 掌握	通道的使用

如图 10-41 所示的素材，要求将图像下半部分的草地、树木和房子抠取出来，移动在新的背景上。

图 10-41

（1）打开 Photoshop 软件，执行"文件 > 打开"菜单命令，在弹出的对话框中选择"素材文件 >CH10> 素材 02.jpg"文件，打开如图 10-42 所示的素材。

图 10-42

（2）在"通道"面板中，如图 10-43、图 10-44、图 10-45 所示，分别选择红、绿、蓝通道，观察所要抠取主体的黑白对比度。

图 10-43

图 10-44

图 10-45

（3）通过观察发现，蓝通道背景与图像的黑白对比度最大，所以在蓝通道上单击鼠标右键选择"复制通道"命令，将蓝通道复制一层得到如图 10-46 所示的"蓝拷贝"通道。

图 10-46

（4）执行"图像 > 调整 > 色阶"命令，打开"色阶"选项卡，如图 10-47 所示，调整直方图下方的暗部与亮部滑块，加深图像的黑白对比度，加深程度为不影响图像细节，又让图像与背景黑白分明为最佳，效果如图 10-48 所示。

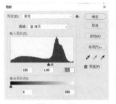

图 10-47

图 10-48

（5）选择画笔工具，用黑色将图像下半部分的草地、树木和房子全部涂黑，用白色将天空部分涂白。效果如图 10-49 所示。

图 10-49

（6）按住 Ctrl 键，单击"蓝拷贝"通道缩览图，载入如图 10-50 所示的图像中白色部分的选区，因为需要抠出的区域是图像中的黑色部分，所以执行快捷键 Ctrl+Shift+I 反选选区，效果如图 10-51。

图 10-50

（7）在通道面板中，单击 RGB 通道，如图 10-52 所示，恢复它的可见性，可以看到图像窗口中草地、树木和房子的选区如图 10-53 所示已经创建出来了。

图 10-52

图 10-53

（8）执行快捷键 Ctrl+J 将选区内容复制一层，即可抠出需要图像，隐藏背景图层即可看到如图 10-54 所示的抠出来的图像。

图 10-54

（9）选择移动工具，将抠出的图层直接拖曳到其他的素材上，调整它的大小，即可得到如图 10-55 所示的效果。

图 10-55

第 11 章

滤镜

滤镜是 Photoshop 最重要的功能之一，是为了点缀和艺术化图像画面，对图像添加的各种特殊效果。滤镜的功能非常强大，不仅可以调整照片，而且可以创作出绚丽无比的创意图像。

> **小提示**
>
> 滤镜在 Photoshop 中具有非常神奇的作用。使用时只需要从滤镜菜单中选择需要的滤镜，适当调节参数即可。在通常情况下，滤镜需要配合通道和图层等一起使用，才能获得最佳艺术效果。

Photoshop 中的滤镜可以分为特殊滤镜、滤镜组和外挂滤镜。Photoshop 提供了很多滤镜，这些滤镜都放在"滤镜"菜单中，同时，Photoshop 还支持第三方开发商提供的增效工具，安装后这些增效工具会出现在"滤镜"菜单底部，其使用方法与 Photoshop 自带滤镜相同。

11.1 认识滤镜与滤镜库

11.1.1 Photoshop 中的滤镜

Photoshop 中的滤镜有 100 余种，其中"滤镜库""镜头校正"和"消失点"滤镜属于特殊滤镜，带子菜单的属于滤镜组，如图 11-1 所示，如果安装了外挂滤镜，在底部会显示出来。

图 11-1

从功能上可以将滤镜分为三大类，分别是修改类滤镜、创造类滤镜和复合类滤镜。修改类滤镜主要用于调整图像的外观，例如"扭曲"滤镜、"像素化"滤镜等；创造类滤镜可以脱离原始图像进行操作，例如"云彩"滤镜；复合滤镜与前两种差别较大，它包含自己独特的工具，例如"液化"滤镜等。

> **小提示**
>
> 为图像添加滤镜的方法很简单。例如，要为图 11-2 添加一个"油画"滤镜，可以执行"滤镜 > 风格化 > 油画"菜单命令，打开"油画"对话框，适当调节参数，即可得到如图 11-3 所示的效果。

图 11-2　　　　　　　　　图 11-3

11.1.2 滤镜的使用原则与技巧

在使用滤镜时，掌握了其使用原则和使用技巧，可以大大提高工作效率。下面介绍滤镜的一些使用原则与使用技巧。

第 1 点：使用滤镜处理图层中的图像时，该图层必须是可见图层。

第 2 点：如果图像中存在选区，则滤镜效果只应用在选区之内，如图 11-4 所示（左边存在一个选区）；如果没有选区，则滤镜效果将应用于整个图像，如图 11-5 所示。

图 11-4

图 11-5

第 3 点：滤镜效果以像素为单位进行计算。因此，在用相同参数处理不同分辨率的图像时，其效果也不一样。

第 4 点：只有"云彩"滤镜可以应用在没有像素的区域，其余滤镜都必须应用在包含像素的区域（某些外挂滤镜除外）。

第 5 点：滤镜可以用来处理图层蒙版、快速蒙版和通道。

第 6 点：在 CMYK 颜色模式下，某些滤镜不可用；在索引和位图颜色模式下，所有的滤镜都不可用。如果要对 CMYK 图像、索引图像和位图图像应用滤镜，可以执行"图像 > 模式 >RGB 颜色"菜单命令，将图像模式转换为 RGB 颜色模式后，再应用滤镜。

第 7 点：当应用完一个滤镜以后，"滤镜"菜单下的第一行会出现该滤镜的名称，如图 11-6 所示。执行该命令或按快捷键 Ctrl+F，可以按照上一次应用该滤镜的参数配置再次对图像应用该滤镜。另外，按快捷键 Alt+Ctrl+F 可以打开该滤镜的对话框，重新设置滤镜参数。

图 11-6

第 8 点：在任何一个滤镜对话框中按住 Alt 键，"取消"按钮 取消 都将变成"复位"按钮 复位 ，如图 11-7 所示。单击"复位"按钮 复位 ，可以将滤镜参数恢复到默认设置。

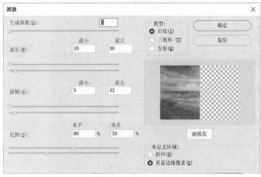
图 11-7

第 9 点：滤镜的顺序对滤镜的总体效果有明显的影响。

第 10 点：在应用滤镜的过程中，如果要终止处理，可以按 Esc 键。

第 11 点：在应用滤镜时，通常会弹出该滤镜的对话框或滤镜库，在预览窗口中可以预览滤镜效果，同时可以拖曳图像，以观察其他区域的效果，如图 11-8 所示。单击■按钮和■按钮可以缩放图像的显示比例。另外，在图像的某个点上单击，在预览窗口中就会显示出该区域的效果。

图 11-8

11.1.3 如何提高滤镜性能

在应用某些滤镜时，会占用大量的内存，特别是处理高分辨率的图像，Photoshop 的处理速度会更慢。遇到这种情况，可以尝试使用以下 3 种方法来提高处理速度。

第 1 种：关掉多余的应用程序。

第 2 种：在应用滤镜之前先执行"编辑 > 清理"菜单下的命令，释放出部分内存。

第 3 种：将计算机内存多分配给 Photoshop 一些。

执行"编辑 > 首选项 > 性能"菜单命令，打开"首选项"对话框，在"内存使用情况"选项组下将 Photoshop 的内容使用量设置得高一些，如图 11-9 所示。

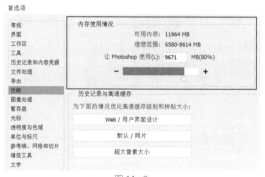

图 11-9

11.1.4 智能滤镜

应用于智能对象的任何滤镜都是智能滤镜，智能滤镜属于"非破坏性滤镜"。由于智能滤镜的参数是可以调整的，因此可以调整智能滤镜的作用范围，或将其进行移除、隐藏等操作。打开如图 11-10 所示的包含"鸟蛋""鸟蛋影子"和"背景"3 个图层的图像素材。

图 11-10

要使用智能滤镜，首先需要将普通图层转换为智能对象。如图 11-11 所示，在"图层 1 影子"图层缩略图上单击鼠标右键，在弹出的菜单中选择"转换为智能对象"命令，即可将图层转换为智能对象，如图 11-12 所示。

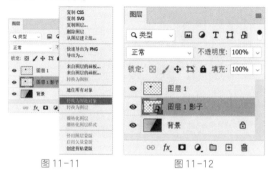

图 11-11　　　　　图 11-12

执行"滤镜 > 模糊 > 高斯模糊"菜单命令，如图 11-13 所示，调整参数后对智能对象应用智能滤镜，效果如图 11-14 所示。

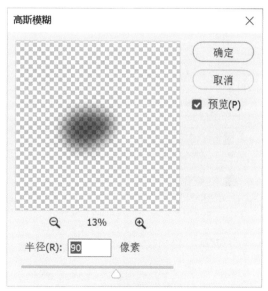

图 11-13

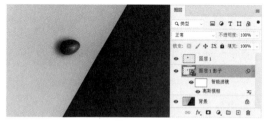

图 11-14

如图 11-15 所示的智能滤镜包含一个类似于图层样式的列表，可以通过双击这个列表中的滤镜名称，随时打开添加滤镜的选项卡调整参数。例如将添加的"高斯模糊"滤镜半径参数设置为 60 像素，即可得到如图 11-16 所示的效果。

图 11-15

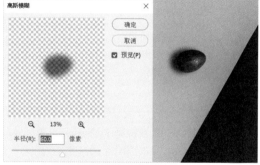

图 11-16

针对智能滤镜，也可以随时隐藏、停用和删除滤镜，如图 11-17 和图 11-18 所示。

图 11-17　　　　图 11-18

小提示

除了"液化""消失点""场景模糊""光圈模糊""移轴模糊"和"镜头模糊"滤镜，其他滤镜都可以作为智能滤镜应用，当然也包含支持智能滤镜的外挂滤镜。"图像>调整"菜单下的"阴影/高光"和"变化"命令也可以作为智能滤镜来使用。

另外，还可以像编辑图层蒙版一样用画笔编辑智能滤镜的蒙版，使滤镜只影响部分图像。同时，可以设置智能滤镜与图像的混合模式，双击滤镜名称右侧的 ⤢ 图标，可以在弹出的"混合选项"对话框中调节滤镜的"模式"和"不透明度"，如图 11-19 所示。

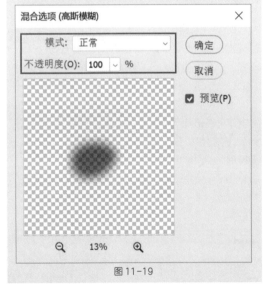

图 11-19

11.1.5 滤镜库

滤镜库是一个集合了大部分常用滤镜的对话框，如图 11-20 所示。在滤镜库中，可以对一张图像应用一个或多个滤镜，或对同一个图像多次应用同一个滤镜，另外，还可以使用其他滤镜替换原有的滤镜。

图 11-20

滤镜库对话框选项介绍

· 效果预览窗口：用来预览应用滤镜后的效果。

· 当前使用的滤镜：如图 11-21 所示，处于灰底状态的滤镜表示正在使用的滤镜。

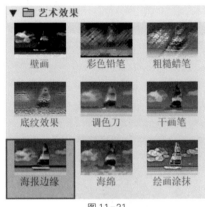

图 11-21

· 缩放预览窗口：单击□按钮，可以缩小预览窗口的显示比例；单击□按钮，可以放大预览窗口的显示比例。另外，还可以在缩放列表中选择预设的缩放比例。

· 显示/隐藏滤镜缩略图▲：单击该按钮，可以隐藏滤镜缩略图，以增大预览窗口，如图 11-22 所示。

图 11-22

· 参数设置面板：单击滤镜组中的一个滤镜，可以将该滤镜应用于图像，同时在参数设置面板中会显示该滤镜的参数选项。

·新建效果图层⊞：单击该按钮，可以新建一个效果图层，在该图层中可以应用一个滤镜。

·删除效果图层🗑：选择一个效果图层以后，单击该按钮可以将其删除。

小提示

滤镜库中只包含一部分滤镜，例如"模糊"滤镜组和"锐化"滤镜组就不在滤镜库中。

11.2 特殊滤镜的应用

11.2.1 Neural Filters 滤镜

如图 11-23 所示的 Neural Filters 滤镜是 Photoshop 最近几个版本才更新的一个新工作区，它具有平滑皮肤、调整肖像、迁移妆容、借助 AI 创建背景纹理和图案、改变季节、转换样式、转移色彩、为场景着色、缩放图像、恢复旧照片等功能。

图 11-23

❶ 激活滤镜

通过 3 个简单步骤即可开始使用 Neural Filters 滤镜。

01 执行"滤镜 >Neural Filters"命令，打开对话框，如图 11-24 所示。

图 11-24

02 从云端下载所需的滤镜。在初次使用滤镜时，滤镜旁边显示云图标 ☁ 表示需要从云端下载，如图 11-25 所示，需要使用着色滤镜，只需单击云图标即可下载。

图 11-25

03 单击滤镜的开关按钮 ⬤○，即可启用该滤镜，并使用右侧面板中的选项创建所需的效果，如图 11-26 所示。

图 11-26

小提示

如果图像中未检测到人脸，则与肖像相关的滤镜将呈现灰色状态，如图 11-27 所示。

图 11-27

❷ Neural Filters 滤镜类别

Neural Filters 滤镜有 3 个类别。

精选滤镜：如图 11-28 所示，这些是已经发布的滤镜，功能齐全且准确，输出结果非常完美。

测试版滤镜：如图 11-29 所示，这些滤镜虽然已经发布，但是功能还有一些欠缺，滤镜效果仍在改进中，并且输出结果可能不尽如人意。

图 11-28

图 11-29

即将推出：如图 11-30 所示，这些滤镜尚未提供，但可能在不久的将来提供。

图 11-30

❸ 输出选项

添加所需滤镜之后，可以通过以下方式输出，如图 11-31 所示。

图 11-31

当前图层：将滤镜以破坏性方式应用于当前图层。

新建图层：将滤镜作为新图层应用。

新图层被蒙版：将滤镜效果作为带有蒙版的新图层应用。

智能滤镜：将当前图层转换为智能对象，并将滤镜作为可编辑的智能滤镜应用。

新建文档：将滤镜输出为新的 Photoshop 文档。

11.2.2 Camera Raw 滤镜

Camera Raw 滤镜是一个非常重要的修图工具，它的功能基本等同于 Lightroom，可以在属性面板中编辑基本参数、对干扰因素进行修复、使用蒙版定义要编辑的区域、去除红眼、应用预设等。图 11-32 所示，为 Camera Raw 滤镜的选项卡。

图 11-32

❶ 编辑选项

编辑选项：如图 11-33 所示，可以对图像基本参数（色温、色调、曝光、对比度、清晰度、饱和度）、曲线、细节、混色器、颜色分级、光学、集合、效果、校准等一系列参数进行调整。

图 11-33

如图 11-34 所示，要求利用 Camera Raw 滤镜对它的光影和色彩进行校正。操作时，在菜单栏执行"滤镜 >Camera Raw 滤镜"命令，打开选项卡，如图 11-35 所示。

图 11-34

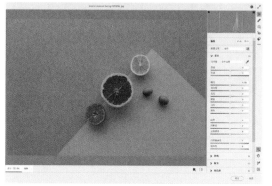

图 11-35

在"基本"选项中，如图 11-36 所示调整欠缺的饱和度和自然饱和度，在"曲线"选项中，如图 11-37 所示调整色阶参数，单击"确定"按钮，效果如图 11-38 所示。

基本		曲线
白平衡 原照设置		调整
色温 0		
色调 0		
曝光 0.00		
对比度 0		
高光 0		
阴影 0		
白色 0		
黑色 0		
纹理 0		输入：217 输出：255
清晰度 0		
去除薄雾 0		
自然饱和度 +30		
饱和度 +5		点曲线 自定

图 11-36   图 11-37

图 11-38

❷ 修复选项

修复选项：如图 11-39 所示，可以在想要修复的区域上进行拖曳，或者单击，将图像中的污点、杂物和其他干扰元素从您的照片中去除。

图 11-39

如图 11-40 所示，要求利用 Camera Raw 滤镜，对它右上角破坏画面构图的图像进行清除。操作时，在菜单栏执行"滤镜 >Camera Raw 滤镜"命令，打开选项卡后选择"修复"选项，如图 11-41 所示。

图 11-40

图 11-41

在"修复"选项中，如图 11-42 所示调整好参数，在图像预览窗口单击鼠标或按下鼠标拖曳，即可将干扰元素消除，单击"确定"按钮，效果如图 11-43 所示。

图 11-42

图 11-43

❸ 蒙版选项

蒙版选项：如图11-44所示，使用各种工具编辑图像的任何部分以定义要编辑的区域。还可使用功能强大的 AI 工具快速进行复杂的选择。

图 11-44

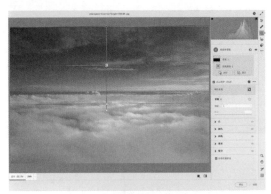

图 11-47

如图 11-45 所示，要求利用 Camera Raw 滤镜，只对素材中的上半部分稍微欠缺饱和度的天空进行调整。操作时，在菜单栏执行"滤镜 >Camera Raw 滤镜"命令，打开选项卡后选择"蒙版"选项，如图 11-46 所示。

图 11-48

图 11-49

图 11-45

图 11-46

在"蒙版"选项中选择线性渐变，先在图像预览窗口由最上面往中间拖曳，创建如图 11-47 所示的蒙版，然后在右侧"颜色"属性中如图 11-48 所示调整饱和度，单击"确定"按钮，效果如图 11-49 所示。

小提示

如果图像中存在人像，如图 11-50 所示的"蒙版"属性面板，Photoshop 软件会智能地识别出人像，单击人像，如图 11-51 所示，软件会给人像部分创建蒙版。

图 11-50

图 11-51

如图 11-52 所示，可以单独选择面部皮肤、身体皮肤、眉毛、眼睛巩膜、虹膜和瞳孔、唇、头发或衣服为他们创建蒙版，例如单独选择眉毛即可得到如图 11-53 所示的眉毛蒙版。

图 11-52

图 11-53

❹ 红眼选项

红眼选项：如图 11-54 所示的红眼选项，使用时只需将鼠标放在需要修正人物和宠物的眼睛周围绘制矩形，即可移除不需要的瞳孔反射。

图 11-54

❺ 预设选项

预设选项：如图 11-55 所示，"预设"选项包含了自适应、人像、肖像、风格、季节、主题等各类预设好的调整效果，使用时只需单击鼠标，即可为图像添加所需预设。

图 11-55

如图 11-56 所示，要求利用 Camera Raw 滤镜，对它添加一个秋季的色调。操作时，在菜单栏执行"滤镜 >Camera Raw 滤镜"命令，打开选项卡后选择"预设"选项，如图 11-57 所示。

图 11-56

图 11-57

在"预设"选项中选择如图 11-58 所示的预设，单击"确定"按钮，效果如图 11-59 所示。

图 11-58

图 11-59

小提示

通过调整如图 11-60 所示的滑块，可以减少或者增加预设效果。

预设		
TM01		100

▶ ★ 收藏夹

图 11-60

11.2.3 液化滤镜

"液化"滤镜是修饰图像和创建艺术效果的强大工具，其使用方法比较简单，但功能却相当强大，可以创建推、拉、旋转、扭曲和收缩等变形效果，并且可以修改图像的任何区域（"液化"滤镜只能应用于8位/通道或16位/通道的图像）。执行"滤镜 > 液化"菜单命令，打开对话框，如图11-61所示。

图 11-61

小提示

由于"液化"滤镜支持硬件加速功能，因此如果没有在首选项中开启"使用图形加速器"选项，Photoshop会弹出一个"液化"提醒对话框，如图11-62所示，提醒用户是否需要开启"使用图形加速器"选项，单击"确定"按钮可以继续应用"液化"滤镜。

图 11-62

❶ 液化对话框各种工具介绍

如图11-63所示的"液化"对话框中左侧的工具，它们可以在您按住鼠标左键或拖曳时扭曲画笔区域。扭曲集中在画笔区域的中心，且其效果随着您按住鼠标按钮或在某个区域中重复拖曳而增强。

图 11-63

· 向前变形工具 ：在拖曳时向前推像素。如图11-64所示的素材，向右推动猫咪身体右边，效果如图11-65所示。

图 11-64　　　　　　　　图 11-65

小提示

使用"液化"对话框中的变形工具在图像上单击并拖曳鼠标，即可进行变形操作，变形集中在画笔的中心。

· 重建工具 ：按住鼠标左键并拖曳时可恢复变形的图像。例如，将如图11-66所示的刚才用向前变形工具使身体右边扭曲的猫咪复原，只需在扭曲位置按下鼠标左键进行拖曳，即可如图11-67所示恢复图像原来的状态。

图 11-66　　　　　　　　图 11-67

· 顺时针旋转扭曲工具 ：按住鼠标左键并拖曳可顺时针旋转像素，使图像产生旋转效果。要逆时针旋转像素，请按住Alt键后再按住鼠标左键并拖曳。在如图11-68所示的花朵上按下鼠标左键并拖曳，即可得到如图11-69所示的效果。

图 11-68　　　　　　　　图 11-69

· 褶皱工具 ：按住鼠标左键并拖曳时，像素朝着画笔区域的中心移动，使图像产生内缩效果。如图11-70所示，在猞猁眼睛部位按下鼠标左键并拖曳，即可得到如图11-71所示的效果。

图 11-70　　　　　　　　　图 11-71

· 膨胀工具 ◈：按住鼠标左键并拖曳时，像素朝着离开画笔区域中心的方向移动，使图像产生向外膨胀的效果。如图 11-72 所示，在羊驼眼睛部位按下鼠标左键并拖曳，即可得到如图 11-73 所示的效果。

图 11-72　　　　　　　　　图 11-73

· 左推工具 ⋈：当向下拖曳鼠标时，像素向右移动；当向上拖曳鼠标时，像素向左移动；按住 Alt 键并向上拖曳鼠标时，像素向右移动；按住 Alt 键并向下拖曳鼠标时，像素向左移动。您也可以围绕对象顺时针拖曳以增加其大小，或逆时针拖曳以减小其大小。如图 11-74 所示，在花瓶上按下鼠标左键，向下拖曳鼠标，即可得到如图 11-75 所示的效果。

图 11-74　　　　　　　　　图 11-75

· 冻结蒙版工具 ✔：按住鼠标左键拖曳的区域将被冻结，防止更改这些要保护区域的像素。冻结区域将被使用冻结蒙版工具绘制的蒙版覆盖。如图 11-76 所示的素材，扭曲时右边的花束不想被影响，按下鼠标绘制即可，如图 11-77 所示，对图像其他位置扭曲时绘制区域内的像素不会被修改。

图 11-76　　　　　　　　　图 11-77

· 解冻蒙版工具 ✔：在被冻结区域上按住鼠标左键并拖曳，该区域内的像素将被解冻，恢复到可以被操作状态。如图 11-78 所示的有被冻结区域的素材上，按下鼠标左键并拖曳即可解冻所拖曳区域，效果如图 11-79 所示。

图 11-78　　　　　　　　　图 11-79

· 脸部工具 ♙：打开具有人脸的图像，执行"滤镜 > 液化"菜单命令后，选择脸部工具，如图 11-80 所示，系统将自动识别照片中的人脸。将指针悬停在脸部时，Photoshop 会在脸部周围显示直观的屏幕控件。调整控件可对脸部做出调整。例如，您可以放大眼睛或者缩小脸部宽度。

图 11-80

小提示

如图 11-81 所示，打开具有多个人脸的图像，照片中的人脸会被自动识别，且其中一个人脸会被选中。所有被识别的人脸，会在"属性"面板"人脸识别液化"区域中的"选择脸部"弹出菜单中罗列出来，可以通过在画布上单击人脸，或如图 11-82 所示，从弹出的菜单中选择不同的人脸。

图 11-81　　　　　　　　图 11-82

·缩放工具 ：放大或缩小预览图像。有如图 11-83 所示的素材，在"液化"对话框中选择缩放工具 ，在预览图像中单击或拖曳即可如图 11-84 所示放大素材；按住 Alt 键，在预览图像中单击或拖曳可以缩小素材。另外，您可以在对话框底部的"缩放"文本框中指定放大级别。

图 11-83

图 11-84

·抓手工具 ：在预览图像中导航。有如图 11-85 所示的素材，在"液化"对话框中选择抓手工具，并在预览图像中拖曳，即可如图 11-86 所示观察到超出预览窗口的图像部分。或者，在选择了任意工具时按住空格键，在预览图像中拖曳也可以达到同样的效果。

图 11-85

图 11-86

❷ 液化对话框属性面板介绍

图 11-87"液化"对话框中右侧是属性面板，您可以在属性面板中进行设置画笔、调整人脸、载入网格、选择蒙版模式、选择视图模式等操作。

图 11-87

·画笔工具选项：如图 11-88 所示，该选项组下的参数主要用来设置当前使用工具的各种属性。

图 11-88

·画笔大小：设置将用来扭曲图像的画笔的大小。

·画笔密度：控制画笔如何在边缘羽化。产生的效果是画笔的中心最强，边缘处最轻。

·画笔压力：控制画笔在图像上拖曳时产生扭曲的速度。使用低画笔压力可减慢更改速度，因此更易于在恰到好处的时候停止。

·画笔速率：设置使用工具（例如旋转扭曲工具）在预览图像中按下鼠标保持静止时扭曲应用的速度。该设置的值越大，应用扭曲的速度就越快。

·光笔压力：使用光笔绘图板中的压力读数（只有在使用光笔绘图板时，此选项才可用）。选定"光笔压力"后，工具的画笔压力为光笔压力与"画笔压力"值的乘积。

·人脸识别液化：如图 11-89 所示，该选项组下的参数主要用来设置图像中人脸的眼睛、鼻子、嘴唇和脸部形状，它能够有效地修饰肖像照片、制作漫画，并进行更多操作。

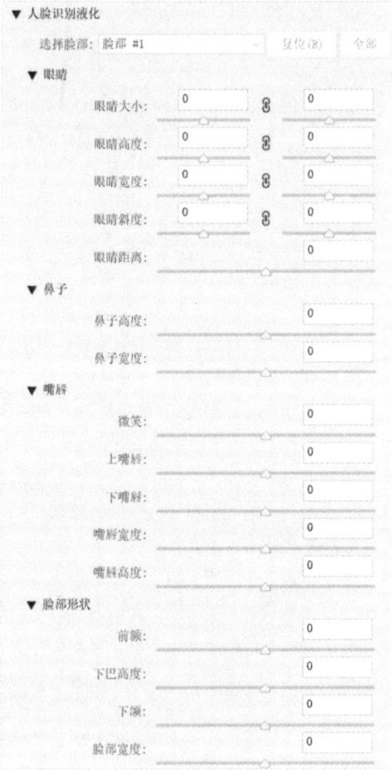

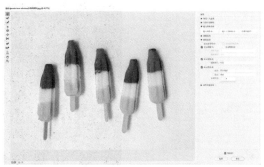

图 11-89

小提示

"人脸识别液化"功能最适合处理面朝相机的面部特征。为获得最佳效果，请在应用设置之前旋转任何倾斜的脸部。

·载入网格选项：使用网格可帮助您查看和跟踪扭曲。可以选择网格的大小和颜色，也可以存储某个图像中的网格并将其应用于其他图像。如图 11-90 所示的素材要显示网格，请在对话框的"视图选项"区域中选择"显示网格"，就可以选择网格大小和网格颜色，如图 11-91 所示。

图 11-90

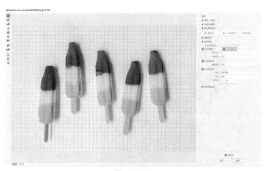

图 11-91

·蒙版选项：当图像中已经有一个选区、透明度或蒙版时，则会在打开"液化"对话框时保留该信息。

您可以选择只在预览图像中显示现用图层，也可以在预览图像中将其他图层显示为背景。通过使用"模式"选项，您可以将背景放在现用图层的前面或后面，以便跟踪您所做的更改，或者使某个扭曲与其他图层中的另一个扭曲保持同步。

·画笔重建选项 重建(R)... ：该选项组下的参数主要用来设置重建方式。

·恢复全部 恢复全部(T) ：单击该按钮，可以取消所有的变形效果。

11.2.4 风格化

"风格化"滤镜通过置换像素和查找并增加图像的对比度，在选区中生成绘画或印象派的效果。在使用"查找边缘"和"等高线"等突出显示边缘的滤镜后，可应用"反相"命令用彩色线条勾勒彩色图像的边缘，或用白色线条勾勒灰度图像的边缘。

❶ 油画

油画滤镜允许您将照片转换为具有经典油画视觉效果的图像。借助几个简单的滑块，您可以调整描边样式的数量、画笔比例、描边清洁度和其他参数。如图 11-92 所示的素材，使用"油画"滤镜，只需执行"滤镜 > 风格化 > 油画"命令，即可得到如图 11-93 所示的效果。

图 11-92

图 11-93

❷ 查找边缘

用显著的转换标识图像的区域，并突出边缘。"查找边缘"用相对于白色背景的黑色线条勾勒图像的边缘，这对生成图像周围的边界非常有用。如图 11-94 所示的素材，使用"查找边缘"滤镜，只需执行"滤镜 > 风格化 > 查找边缘"命令，即可得到如图 11-95 所示的效果。

图 11-94

图 11-95

❸ 等高线

查找主要亮度区域的转换并为每个颜色通道淡淡地勾勒主要亮度区域的转换，以获得与等高线图中的线条类似的效果。如图 11-96 所示的素材，使用"等高线"滤镜，只需执行"滤镜 > 风格化 > 等高线"命令，即可得到如图 11-97 所示的效果。

图 11-96

图 11-97

❹ 风

在图像中放置细小的水平线条来获得风吹的效果。方法包括"风""大风"（用于获得更生动的风效果）和"飓风"（使图像中的线条发生偏移）。有如图 11-98 所示的含有两个图层的素材，要使用"风"滤镜，只需执行"滤镜 > 风格化 > 风"命令，即可得到如图 11-99 所示的效果。

图 11-98

图 11-99

再多执行几次"风"滤镜，即可得到如图 11-100 所示的效果。

图 11-100

❺ 浮雕效果

通过将选区的填充色转换为灰色，并用原填充色描画边缘，使选区显得凸起或压低。选项包括浮雕角度（−360 度至 +360 度，−360 度使表面凹陷，+360 度使表面凸起）、高度和选区中颜色数量的百分比（1% 至 500%）。要在进行浮雕处理时保留颜色和细节，请在应用"浮雕"滤镜之后使用"渐隐"命令。如图 11-101 所示的素材，使用"浮雕效果"滤镜，只需执行"滤镜 > 风格化 > 浮雕效果"命令，即可得到如图 11-102 所示的类似化石效果。

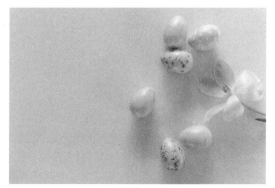

图 11-101

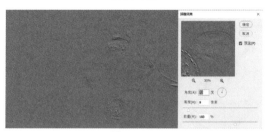

图 11-102

❻ 拼贴

将图像分解为一系列拼贴，使选区偏离其原来的位置。可以执行下列对象之一填充拼贴之间的区域：背景色、前景色、图像的反转版本或图像的未改变版本。它们使拼贴的版本位于原版本之上并露出原图像

中位于拼贴边缘下面的部分。如图 11-103 所示的素材，使用"拼贴"滤镜，只需执行"滤镜 > 风格化 > 拼贴"命令，即可得到如图 11-104 所示的效果。

图 11-103

图 11-104

❼ 曝光过度

混合负片和正片图像，类似于显影过程中将摄影照片短暂曝光。如图 11-105 所示的素材，使用"查找边缘"滤镜，只需执行"滤镜 > 风格化 > 查找边缘"命令，即可得到如图 11-106 所示的效果。

图 11-105

图 11-106

❽ 凸出

赋予选区或图层一种 3D 纹理效果。如图 11-107 所示的素材，使用"凸出"滤镜，只需执行"滤镜 > 风格化 > 凸出"命令，即可得到如图 11-108 所示的效果。

图 11-107　　　　　图 11-108

11.2.5 模糊

"模糊"滤镜柔化选区或整个图像，这对于修饰非常有用。它们通过平衡图像中已定义的线条和遮蔽区域的清晰边缘旁边的像素，使变化显得柔和。

❶ 表面模糊

在保留边缘的同时模糊图像。此滤镜用于创建特殊效果并消除杂色或粒度。有如图 11-109 所示的含有两个相同图层的人像素材，想给她的皮肤进行简单的磨皮处理。

图 11-109

选择"图层 1"，执行"滤镜 > 模糊 > 表面模糊"命令，选择如图 11-110 所示的参数即可得到如图 11-111 所示的模糊效果。选项卡中"半径"选项指定模糊取样区域的大小，"阈值"选项控制相邻像素色调值与中心像素值相差多大时才能成为模糊的一部分。

因为图像中所有的像素都被模糊了，所以给图层 1添加一个黑色蒙版，然后用白色画笔将皮肤部分的效果擦出来即可得到如图 11-112 所示效果。

图 11-110　　　　　图 11-111

图 11-112

小提示

"表面模糊"处理后的皮肤会失去原有的细节和质感，这里只是讲解表面模糊原理，针对具体的人像皮肤，后期有很多处理皮肤质感的方法。

❷ 动感模糊

沿指定方向（-360 度至 +360 度）以指定强度（1 至 999）进行模糊。此滤镜的效果类似于以固定的曝光时间给一个移动的对象拍照。有如图 11-113 所示的含有两个图层的素材，想给背景图层添加动感模糊。

图 11-113

选择"背景"图层，执行"滤镜 > 模糊 > 动感模糊"命令，选择如图 11-114 所示的参数即可得到如图 11-115 所示的模糊效果。

图 11-114   图 11-115

❸ 高斯模糊

使用可调整的量快速模糊选区。高斯是指当 Photoshop 将加权平均应用于像素时生成的钟形曲线。"高斯模糊"滤镜添加低频细节，并产生一种朦胧效果。有如图 11-116 所示的含有 3 个图层的素材，想给影子图层添加高斯模糊模仿真实的影子。

图 11-116

对"影子"执行"滤镜 > 模糊 > 高斯模糊"命令，选择如图 11-117 所示的参数后单击确定按钮，即可得到如图 11-118 所示的影子效果。

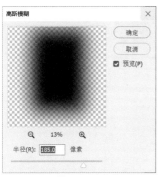

图 11-117   图 11-118

为了使得"影子"更自然，如图 11-119 所示，在"图层面板"中将"影子"图层的不透明度调整为 50%，即可得到如图 11-120 所示的影子效果。

图 11-119   图 11-120

❹ 径向模糊

模拟缩放或旋转的相机，产生一种柔化的模糊。如图 11-121 所示，执行"旋转"，沿同心圆环线模糊，指定旋转的度数。执行"缩放"，沿径向线模糊，好像是在放大或缩小图像，指定 1 到 100 之间的值。模糊的品质范围从"草图"到"好"和"最好"。"草图"产生最快但为粒状的结果，"好"和"最好"产生比较平滑的结果，除非在大选区上，否则看不出这两种品质的区别。通过拖曳"中心模糊"框中的图案，指定模糊的原点。

图 11-121

如图 11-122 所示的素材，按下快捷键 Ctrl+Alt+2 得到如图 11-123 所示的高光区域。按下快捷键 Ctrl+J 将高光区域复制一层得到"图层 1"。

图 11-122

图 11-123

对"图层 1"执行"滤镜 > 模糊 > 径向模糊"命令，选择如图 11-124 所示的参数后单击确定按钮，即可得到如图 11-125 所示的光线效果。

图 11-124　　　　　　图 11-125

11.2.6 模糊画廊

使用模糊画廊，可以通过直观的图像控件快速创建截然不同的照片模糊效果。每个模糊工具都提供直观的图像控件来应用和控制模糊效果。Photoshop 可在您使用模糊画廊效果时提供完全尺寸的实时预览。如图 11-126 所示，应用滤镜时，执行"滤镜 > 模糊画廊"，选择所需的具体滤镜即可。

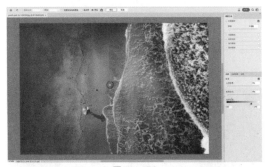

图 11-126

❶ 模糊效果

在如图 11-127 所示的选项卡右侧，您可以通过指定散景参数以确保获得令人满意的整体效果。在如图 11-128 所示的"效果"面板中，"光源散景"会加亮图像中不在焦点上的区域或模糊区域；"散景颜色"会将更鲜亮的颜色添加到"光源散景"加亮区域。

图 11-127　　　　　　图 11-128

❷ 恢复模糊区域中的杂色

如图 11-129 所示，有时候在应用了模糊画廊效果之后，您可能会注意到图像的模糊区域看起来不太自然，这时您可以通过选项卡右侧的"杂色"面板，如图 11-130 所示，给这些区域中添加杂色或颗粒，以使其外观更为逼真。

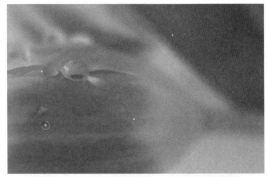

图 11-129

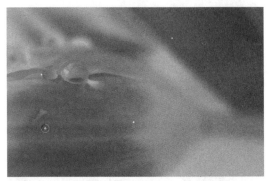

图 11-130

在如图 11-131 所示的"杂色"面板中，"数量"将杂色数量与图像非模糊区域中的杂色相匹配；"大小"控制杂色的颗粒大小；"粗糙度"控制颗粒的匀称性。"颜色"控制杂色的上色度；"高光"控制图像高光区域中的杂色。

图 11-131

❸ 场景模糊

使用"场景模糊"时，通过定义具有不同模糊量的模糊点来创建渐变的模糊效果。您也可以将多个图钉添加到图像，并指定每个图钉的模糊量，最终结果是合并图像上所有模糊图钉的效果。您甚至可以在图像外部添加图钉，以对边角应用模糊效果。有如图11-132所示的素材，执行"滤镜>模糊画廊>场景模糊"命令，打开如图11-133所示的场景模糊选项卡。

图 11-132

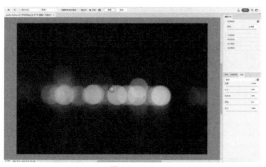

图 11-133

拖曳模糊句柄可以增加或减少模糊（您也可以使用"模糊工具"面板指定模糊值），如图11-134所示，将模糊值拖曳到40像素，即可得到如图11-135所示的模糊后效果。

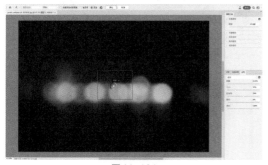

图 11-134

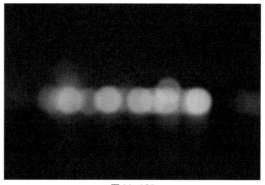

图 11-135

❹ 光圈模糊

使用"光圈模糊"对图像模拟浅景深效果。您也可以定义多个焦点，这是使用传统相机技术几乎不可能实现的效果。有如图11-136所示的素材，执行"滤镜>模糊画廊>光圈模糊"命令，打开如图11-137所示的光圈模糊选项卡。

图 11-136

图 11-137

拖曳图钉周围模糊句柄可以增加或减少模糊，拖曳图钉周围的控制点可以控制模糊范围和模糊过渡，如图11-138所示，调整模糊区域控制点并将模糊值拖曳到18像素，即可得到如图11-139所示的模糊后景深效果。

图 11-138

图 11-139

❺ 移轴模糊（倾斜偏移）

使用"移轴模糊"会对图像模拟倾斜偏移镜头拍摄效果，此特殊的模糊效果会定义锐化区域，使边缘处逐渐变得模糊。有如图 11-140 所示的素材，执行"滤镜 > 模糊画廊 > 移轴模糊"命令，打开如图 11-141所示的移轴模糊选项卡。

图 11-140

图 11-141

拖曳图钉周围模糊句柄增加或减少模糊，拖曳线条定义锐化区域、渐隐区域和模糊区域。如图 11-142 所示，调整线条并将模糊值拖曳到 86 像素，即可得到如图 11-143 所示的模糊后景深效果。

图 11-142

图 11-143

小提示

对于如图 11-144 所示的镜头模糊（场景模糊、光圈模糊和倾斜 / 偏移模糊），按下 M 键就可以查看模糊蒙版应用于图像的情况，如图 11-145 所示，黑色区域未被模糊，而较亮的区域表示应用于图像的模糊量。

图 11-144

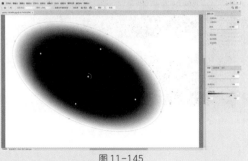

图 11-145

❻ 路径模糊

使用"路径模糊"可以沿路径创建运动模糊。有如图 11-146 所示的含有"背景"和汽车"图层 1"两个图层的素材，选择汽车"图层 1"，执行"滤镜 > 模糊画廊 > 路径模糊"命令，打开如图 11-147 所示的移轴模糊选项卡。

图 11-146

图 11-147

图 11-148

如图 11-148 所示，拖曳图像控件定义模糊路径方向，并在"路径模糊"选项卡调整速度滑块为 350%，指定要应用于图像的路径模糊量，即可得到如图 11-149 所示的模糊效果。

图 11-149

11.2.7 扭曲

❶ 极坐标

使用"极坐标"滤镜可以创建圆柱变体。如图 11-150 所示，在极坐标选项卡中选择"平面到极坐标"，原素材顶部会下凹，而底边和两侧边会上翻；选择"极坐标到平面"，原素材图像底边会上凸，顶边和两侧边会下翻。

图 11-150

如图 11-151 所示，要求利用极坐标滤镜将它处理成一个封闭环境。操作时，执行"图像 > 图像大小"命令，打开选项卡，如图 11-152 所示，单击"不约束长宽比"图标，将长宽设置成如图 11-153 所示的数值，效果如图 11-154 所示。

图 11-151

图 11-152

图 11-153

图 11-154

执行"滤镜 > 扭曲 > 极坐标"命令，打开选项卡，如图 11-155 所示，选择"平面坐标到极坐标"，效果如图 11-156 所示。

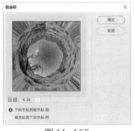

图 11-155　　　　　　　　图 11-156

按快捷键 Ctrl+J 将图像复制一层，如图 11-157 所示，执行"编辑 > 自由变换"命令，将复制的图层 1 调整到如图 11-158 所示的位置，给图层 1 添加蒙版，用"画笔工具"对图像交界处进行修饰，如图 11-159 所示。

图 11-157

图 11-158

图 11-159

选择"仿制图章工具"取样后，先在图像四角进行修补，然后用"裁剪工具"对图像进行裁剪，效果如图 11-160 所示。

图 11-160

❷ **置换**

使用"置换"滤镜可以创建逼真的扭曲纹理。有如图 11-161 所示的含有"背景""图层 1""图层 2" 3 个图层的素材，利用置换滤镜，创建一个文字人像海报。

图 11-161

如图 11-162 所示，在"图层面板"隐藏图层 2，执行"文件 > 存储为"命令，打开"存储为"选项卡，如图 11-163 所示将文件存储成 PSD 格式文件，记住存储路径。

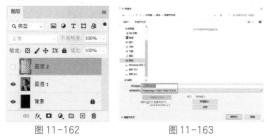

图 11-162　　　　　　图 11-163

如图 11-164 所示，在"图层面板"中显示并选择图层 2，执行"滤镜 > 扭曲 > 置换"命令，打开如图 11-165 所示的"置换"选项卡。

图 11-164　　　　　　图 11-165

单击确定按钮后，如图 11-166 所示，在弹出的选项卡中选择上面存储的 PSD 文件，单击打开后即可得到如图 11-167 所示的效果。放大图像可以看到"图层 2"已经被扭曲变形了，如图 11-168 所示。

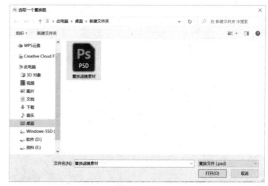

图 11-166

图 11-167　　　　　　图 11-168

按下 Ctrl 键，在"图层面板"中单击"图层 2"缩览图载入如图 11-169 所示的"图层 2"选区，按下快捷键 Ctrl+Shift+I 反选选区。

图 11-169

选择"图层 1"后，先按下 Delete 键删除选区中的内容，然后按下快捷键 Ctrl+D 取消选区，效果如图 11-170 所示。

图 11-170

如图 11-171 所示，在"图层面板"中显示并将图层 1 拖曳到图层 2 上方，即可得到如图 11-172 所示的文字人像海报。

图 11-171

图 11-172

11.2.8 渲染

❶ 光照效果滤镜

使用"光照效果"滤镜可以在 RGB 图像上产生无数种光照效果。使用时，执行"滤镜 > 渲染 > 光照效果"命令，即可打开如图 11-173 所示的选项卡。如图 11-174 所示，从左上角的"预设"菜单中可以选择各种光照样式。添加光照样式后，在选项卡右侧，可以调整光照颜色和聚光，可以通过着色填充整体光照，通过光泽确定表面反射光照的程度，通过金属质感确定哪个反射率更高，通过环境使光照如同与室内的其他光照（如日光或荧光）相结合一样。

图 11-173

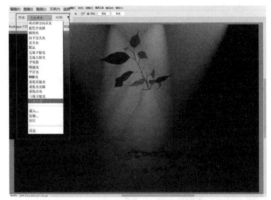

图 11-174

> **小提示**
> 光照效果滤镜仅适用于 Photoshop 中的 8 位 RGB 图像。您必须有受支持的显卡才能使用光效。

❷ 镜头光晕滤镜

镜头光晕滤镜可以模拟亮光照射到相机镜头所产生的折射，常用来表现玻璃或者金属反射的反射光。图 11-175 为镜头光晕的选项卡。

图 11-175

如图 11-176 所示，要求利用镜头光晕滤镜，给它添加一个光晕效果。操作时，执行"滤镜 > 转换为智能滤镜"命令，将图像转化成智能对象，如图 11-177 所示。执行"滤镜 > 渲染 > 镜头光晕"命令，打开选项卡，设置参数如图 11-178 所示，单击"确定"
按钮，效果如图 11-179 所示。

图 11-176

图 11-177　　　　　　　图 11-178

图 11-179

小提示

将素材转化成"智能滤镜"后，可以随时在原有
滤镜的基础上进行修改。

11.3.1 课堂案例：液化滤镜修出完美身材

实例 位置	实例文件 >CH11> 操作练习：液化滤镜修出完 美身材 .psd
素材 位置	素材文件 >CH11> 素材 01.jpg
视频 位置	多媒体教学 >CH11> 操作练习：液化滤镜修出完 美身材 .mp4
技术 掌握	液化滤镜的使用

　　液化滤镜主要对图像局部进行收缩、推拉、扭曲、
旋转等变形操作，在人像后期中应用非常广泛。本案
例主要是针对液化滤镜的使用方法进行练习，对如图
11-180 所示的素材进行液化，修出模特完美身材。

图 11-180

　　（1）打开 Photoshop 软件，执行"文件 > 打
开"菜单命令，在弹出的对话框中选择"素材文件
>CH11> 素材 01.jpg"文件，打开如图 11-181 所
示的素材。

图 11-181

（2）按下快捷键 Ctrl+J 将背景复制一层，得到图层 1，为了便于后期随时修改，执行"滤镜 > 转换为智能滤镜"命令，将图层 1 转换成如图 11-182 所示的智能对象。

图 11-182

（3）执行"滤镜 > 液化"命令，打开如图 11-183 所示的"滤镜"选项卡。

图 11-183

（4）按下 Ctrl++ 快捷键放大图像，如图 11-184 所示，选择"向前变形工具"，调整画笔的大小为"175"左右，压力为"70"左右。

图 11-184

小提示
液化过程，画笔大小随时灵活调整。

（5）先对素材脖子和胳膊进行调整，按下鼠标由边缘向内部拖拉（多次进行），对人像的脖子和胳膊做出如图 11-185 所示的调整。调整过程需要注意脖子和胳膊的曲线，切勿一次性调整太大，导致图像出现突兀和不和谐。如图 11-186 所示的虚像部分是原有图像，实像部分是液化后的图像。

图 11-185

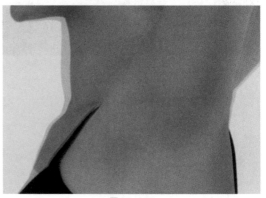

图 11-186

（6）对素材的腰腹进行调整，效果如图 11-187 所示。

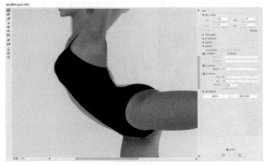

图 11-187

（7）接着用同样的方法处理模特的腿部，效果如图 11-188 所示。

图 11-188

（8）处理完局部后，按下 Ctrl+ − 快捷键缩小图像，观察如图 11-189 所示的图像整体，对于有问题的部分再次进行调整。

图 11-189

小提示

先整体液化，后局部液化，整体液化时，选择较大的画笔，压力适中，局部液化时，选择较小的画笔，压力适中。

（9）操作完成后单击"液化"选项卡右下角的"确定"按钮，即可得到如图 11-190 所示的效果。

图 11-190

11.3.2 课后案例：素描特效制作

实例位置	实例文件>CH11>操作练习: 素描特效制作.psd
素材位置	素材文件 >CH11> 素材 02.jpg
视频位置	多媒体教学>CH11>操作练习：素描特效制作.mp4
技术掌握	滤镜的使用

这个案例要求将如图 11-191 所示的人像素材制作成素描画效果，主要思路是先将图像处理成线稿，然后添加杂色并应用动感模糊滤镜模仿素描笔触即可。

图 11-191

（1）打开 Photoshop 软件，执行"文件 > 打开"菜单命令，在弹出的对话框中选择"素材文件 >CH11> 素材 02.jpg"文件，打开如图 11-192 所示的素材。

图 11-192

（2）按下快捷键 Ctrl+J 将背景复制一层，得到如图 11-193 所示的图层 1。

图 11-193

（3）为了突出图像中的线条，执行"滤镜 > 滤镜库 > 海报边缘"命令，打开如图 11-194 所示的"海报边缘"选项卡，参数设置如图 11-195 所示，单击"确定"按钮后，继续再执行一次"滤镜 > 滤镜库 > 海报边缘"命令，参数相同，完成后的效果如图 11-196 所示。

图 11-194

图 11-195

图 11-196

（4）执行"图像 > 调整 > 去色"命令将图层去色，如图 11-197 所示。

图 11-197

（5）按下快捷键 Ctrl+ J 将图层 1 复制一层，并重命名为如图 11-198 所示的图层 2。

图 11-198

（6）执行"图像 > 调整 > 反相"命令，如图 11-199 所示将图层 2 反相。

图 11-199

（7）在图层面板中，如图 11-200 所示，将图层 2 的图层混合模式修改为"颜色减淡"，图像窗口效果如图 11-201 所示。

图 11-200　　　　　　　图 11-201

（8）执行"滤镜 > 其他 > 最小值"命令，在"最小值"的选项卡中，如图 11-202 所示将半径设置为 3 像素，单击"确定"按钮即可得到如图 11-203 所示的效果。

图 11-202

图 11-203

（9）执行"图层 > 图层样式 > 混合选项"命令，打开"图层样式"选项卡，在混合颜色带中，先按住 Alt 键，单击"下一图层"黑色滑块，等滑块分开后，松开 Alt 键，然后拖曳黑色滑块到如图 11-204 所示的位置，图像窗口即可得到如图 11-205 所示的效果。

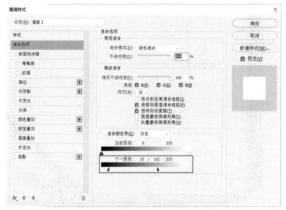

图 11-204

图 11-205

小提示

混合选项中，"下一图层"黑色滑块没有固定参数，看图像的实际情况调整，一般当画面出现素描感觉时停止调整。

（10）执行"图层 > 新建 > 图层"命令，新建一个空白图层得到"图层 3"，执行"编辑 > 填充"命令，将图层 3 填充为如图 11-206 所示的白色。

图 11-206

（11）执行"滤镜 > 杂色 > 添加杂色"命令，在"添加杂色"选项卡里，如图 11-207 所示将数量设为 60%，单击"确定"按钮，即可得到如图 11-208 所示的效果。

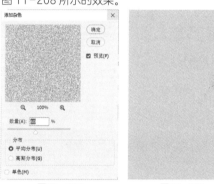

图 11-207　　　　　　图 11-208

（12）执行"滤镜 > 模糊 > 动感模糊"命令，在"动感模糊"选项卡里，如图 11-209 所示将角度设置为 50 度，距离设置为 2000 像素，单击"确定"按钮，效果如图 11-210 所示。

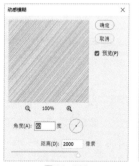

图 11-209

图 11-210

（13）执行"编辑 > 自由变换"命令，调整图层 3 的大小及位置，如图 11-211 所示。

（14）执行"图像 > 调整 > 去色"命令将图层去色，效果如图 11-212 所示。

（16）存储图像后（jpeg 格式），拖曳到新的背景上，即可得到如图 11-215 所示的效果。

图 11-211 图 11-212

（15）在图层面板中，如图 11-213 所示将图层 3 的混合模式调整为"正片叠底"，不透明度调整为 75%，滤去图层 3 中的白色像素并让图层 3 稍微淡一点，效果如图 11-214 所示。

图 11-213 图 11-214

图 11-215

第 12 章

AI 插件与电商设计综合案例

12.1 利用 Firefly 补全产品图像

实例位置	实例文件 >CH12> 利用 AI 插件 Firefly 智能生成填充补全产品图像 .psd
素材位置	素材文件 >CH12> 素材 01.jpg
视频位置	多媒体教学 >CH12> 利用 AI 插件 Firefly 智能生成填充补全产品图像 .mp4
技术掌握	智能生成

本案例主要学习利用 AI 插件 Firefly 智能生成功能，将尺寸不够的产品或模特图像补全。

（1）打开 Photoshop 软件，执行"文件 > 打开"菜单命令，在弹出的对话框中选择"素材文件 >CH12> 素材 01"文件，效果如图 12-1 所示。

图 12-1

（2）选择"裁剪工具"，如图 12-2 所示，在属性栏的填充中选择"生成式扩展"，对素材四周进行拖曳得到如图 12-3 所示的效果。

图 12-2

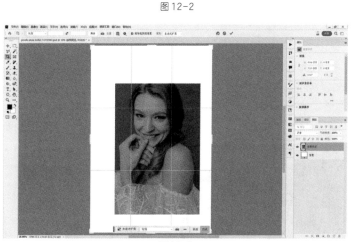

图 12-3

（3）按 Enter 键，图像窗口就会出现如图 12-4 所示的进度条。

图 12-4

（4）等进度条的完成度为 100% 后，即可得到如图 12-5 所示的效果，到这里就完成了对图像的扩展填充。可以观察到 AI 插件智能填充扩展的图像，在图像透视关系、光影、亮度、色彩、边界的过渡等方面都处理得非常自然。

图 12-5

> **小提示**
> 如果需要补全的区域过大，最好进行多次扩展，一次扩展过大容易让生成的图像产生变形。

（5）需要注意的是，Photoshop 软件每次扩展填充都会生成 3 张效果图，效果图可以在"属性面板"中选择缩略图查看，图 12-6、图 12-7 和图 12-8 是选择相应缩略图后得到的效果。

图 12-6

图 12-7

图 12-8

12.2 利用 Firefly 填充产品素材

实例位置	实例文件 >CH12> 利用 AI 插件 Firefly 智能生成填充所需产品素材 .psd
素材位置	素材文件 >CH12> 素材 02.jpg、素材 03.png、素材 04.png
视频位置	多媒体教学 >CH12> 利用 AI 插件 Firefly 智能生成填充所需产品素材 .mp4
技术掌握	智能生成

本案例以电商 banner 作为例子，在制作电商 banner 和电商直通车背景中的点缀元素、产品（牛仔裤、毛衣、衬衫）等素材时，都可以利用 AI 插件 Firefly 智能生成。

（1）打开"素材文件 >CH12> 素材 02.jpg"文件，如图 12-9 所示。

图 12-9

（2）打开素材 03.png 文件，如图 12-10 所示，选择"移动工具"，将素材 03 直接拖曳到素材 02 图层上，按快捷键 Ctrl+T 调整素材 03 的大小及位置，如图 12-11 所示。

图 12-10

图 12-11

（3）使用相似的操作，打开素材 04.png 文件，选择"移动工具"，将素材 04 也拖曳到素材 02 图层上，调整素材 04 的大小及位置，如图 12-12 所示。

图 12-12

（4）选中两个修饰图层，按快捷键 Ctrl+G 对图层编组，并将该组重命名为"修饰元素"，如图 12-13 所示。

（5）使用和"7.4.2 电商直通车设计"中相似的方法，输入如图 12-14 所示的文案。

图 12-13　　　　　图 12-14

（6）选择所有和文案相关的图层，按快捷键 Ctrl+G 编组，并将该组重命名为"文案"，如图 12-15 所示。

图 12-15

（7）选择"矩形选框工具"，在素材上按住鼠标左键并拖曳，创建如图 12-16 所示的选区。

图 12-16

（8）在上下文任务栏中，单击"创成式填充"命令选项，并输入"一条直筒牛仔裤"，如图 12-7 所示，在上下文任务栏中直接单击"生成"选项，图像窗口就会出现如图 12-18 所示的进度条。

图 12-17

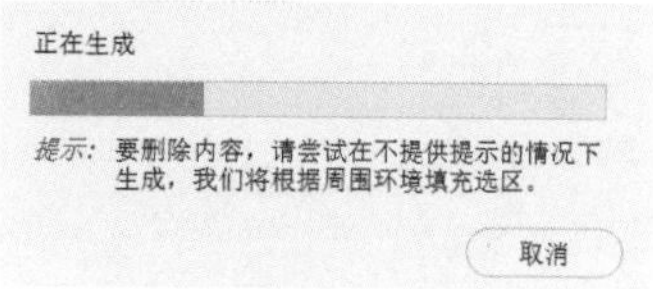

正在生成

提示：要删除内容，请尝试在不提供提示的情况下生成，我们将根据周围环境填充选区。

取消

图 12-18

（9）等生成进度条的完成度为 100% 后，即可得到如图 12-19 所示的效果。

图 12-19

（10）通过"属性面板"在 3 张效果缩略图中选择比较自然的一张，如图 12-20 所示。如果对生成的效果图不满意，可以继续单击"生成"选项，Photoshop 软件会继续完成一次智能生成，再次生成 3 张效果图。如果还不满意，可以继续单击"生成"选项，直到满意为止。

图 12-20

12.3 利用 Firefly 填充调整素材

实例位置	实例文件 >CH12> 利用 AI 插件 Firefly 智能生成填充所需产品素材 .psd
素材位置	素材文件 >CH12> 素材 05.jpg
视频位置	多媒体教学 >CH12> 利用 AI 插件 Firefly 智能生成填充所需产品素材 .mp4
技术掌握	智能生成

本案例以电商模特作为例子，利用 AI 插件 Firefly 智能生成填充调整模特的发型长短、服饰类型、服饰颜色等细节。

（1）打开"素材文件 >CH12> 素材 05.jpg"文件，如图 12-21 所示。

图 12-21

（2）将背景素材扩展成正方形，选择"裁剪工具"，如图 12-22 所示，在属性栏"比例"选项中选择 1：1（方形）、"填充"选项中选择"生成式扩展"。

图 12-22

（3）拖曳素材四周得到如图 12-23 所示的效果。

图 12-23

（4）按 Enter 键，图像窗口就会出现如图 12-24 所示的进度条。

图 12-24

（5）等进度条的完成度为 100% 后，即可得到如图 12-25 所示的效果，到这里就完成了对素材背景的扩展填充。

（6）将模特的短发变成长发，选择"套索工具"，在模特头发位置上按住鼠标左键并拖曳一圈，创建如图 12-26 所示的选区。

图 12-25　　　　　图 12-26

（7）在上下文任务栏中，单击"创成式填充"命令选项，并如图 12-27 所示输入"长头发"的英文"long hair"，在上下文任务栏中直接单击"生成"选项，图像窗口就会出现如图 12-28 所示的进度条。

| long hair | ... | 取消 | 生成 |

图 12-27

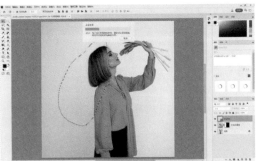

图 12-28

（8）等生成进度条的完成度为 100% 后，即可得到如图 12-29 所示的效果。如果对生成的效果图不满意，可以继续单击"生成"选项，Photoshop 软件会继续完成一次智能生成，再次生成 3 张效果图。如果还不满意，可以继续单击"生成"选项，直到满意为止。

（9）将模特的上衣变成白色的衬衫，选择"套索工具"，在模特上衣位置上按住鼠标左键并拖曳一圈，创建如图 12-30 所示的选区。

图 12-29　　　　　图 12-30

（10）在上下文任务栏中，单击"创成式填充"命令选项，并如图 12-31 所示输入"白色的衬衫"的英文"White shirt"，在上下文任务栏中直接单击"生成"选项，图像窗口就会出现如图 12-32 所示的进度条。

| White shirt | ... | 取消 | 生成 |

图 12-31

图 12-32

（11）等生成进度条的完成度为 100% 后，即可得到如图 12-33 所示效果。如果对生成的效果图不满意，可以继续单击"生成"选项，Photoshop 软件会继续完成一次智能生成，再次生成 3 张效果图。

（12）通过"属性面板"在 3 张效果缩略图中选择比较自然的一张，如图 12-34 所示。如果对生成的效果图不满意，可以继续单击"生成"选项，Photoshop 软件会继续完成一次智能生成，再次生成 3 张效果图。如果还不满意，可以继续单击"生成"选项，直到满意为止。

图 12-33

图 12-34

12.4 电商首页设计

实例位置	实例文件 >CH12> 电商首页设计 .psd
素材位置	素材文件 >CH12> 素材 06.jpg~ 素材 32.jpg
视频位置	多媒体教学 >CH12> 电商首页设计 .mp4
技术掌握	电商首页设计方法

本案例主要学习利用"文字工具""矢量工具"及"剪贴蒙版"等知识制作电商首页的方法，电商首页一般由"背景"、banner、"优惠券""产品分类"和"产品展示"等部分构成，本案例最终效果如图 12-35 所示。

（1）打开"素材文件 >CH12> 素材 06.jpg"文件，如图 12-36 所示。

图 12-35　　　　　　　图 12-36

（2）根据 7.4.2 所学的知识，创建"电商banner"，如图 12-37 所示。

图 12-37

（3）创建优惠券，选择"矩形工具"，如图 12-38 所示，在属性栏选择"类型"为"形状"，填充颜色为暗红色（R=186，G=28，B=49），在图像窗口按住鼠标左键并拖曳，创建宽高为 390 像素 ×260 像素的矩形，并将该图层重命名为"优惠券背景"，如图 12-39 所示。

![矩形工具属性栏]

图 12-38

图 12-39

（4）选择"矩形工具"，在属性栏中选择"类型"为"形状"，填充颜色为深红色（R=165，G=33，B=36），在图像窗口按住鼠标左键并拖曳，创建宽高为 70 像素 ×260 像素的矩形，如图 12-40 所示，将该图层重命名为"领取背景"。

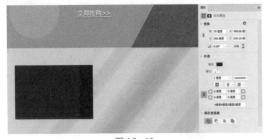

图 12-40

（5）选择"横排文字工具"，如图 12-41 所示，设置字体为方正小标宋简体，字号为 35 点，颜色为白色（R=255，G=255，B=255），输入文字"立即领取"，图层面板同时得到"立即领取"文字图层，如图 12-42 所示。

图 12-41

图 12-42

（6）选择"横排文字工具"，设置字体为 Adobe 黑体 Std，字号为 26 点，颜色为白色，输入文字"全场满 299 元使用"，如图 12-43 所示。

图 12-43

（7）同样的操作，输入数字 20，如图 12-44 所示。

图 12-44

（8）输入 ¥ 符号，如图 12-45 所示。

图 12-45

（9）选择除了背景图层和 banner 组的所有图层，按快捷键 Ctrl+G 编组，并将该组重命名为"优惠券模板 1"，如图 12-46 所示。

图 12-46

（10）使用同样的方式，创建其他 3 个优惠券模板，之后将 4 个优惠券模板编组，如图 12-47 所示。

图 12-47

（11）创建商品分类，选择"矩形工具"，如图 12-48 所示，在属性栏中选择"类型"为"形状"，填充颜色为褐色（R=117，G=88，B=88），描边颜色为暗红色（R=165，G=33，B=36），描边宽度为 1 像素。在图像窗口按住鼠标左键并拖曳，创建宽高为 300 像素 ×395 像素的矩形，并将该图层重命名为"分类背景"，如图 12-49 所示。

图 12-48

图 12-49

（12）选择"矩形工具"，在属性栏中选择"类型"为"形状"，填充颜色为深红色（R=186，G=28，B=49），在图像窗口按住鼠标左键并拖曳，创建宽高为 300 像素 ×110 像素的矩形，并将该图层重命名为"红色背景"，如图 12-50 所示。

图 12-50

（13）选择"横排文字工具"，设置字体为 Adobe 黑体 Std，字号为 34 点，颜色为白色（R=255，G=255，B=255），输入文字"单肩裙"，如图 12-51 所示。

图 12-51

（14）选择"矩形工具"，在属性栏中选择"类型"为"形状"，填充颜色为白色（R=255，G=255，B=255），在图像窗口按住鼠标左键并拖曳，创建宽高为 140 像素 ×25 像素的矩形，并将该图层重命名为"查看背景"，如图 12-52 所示。

图 12-52

（15）选择"横排文字工具"，设置字体为 Adobe 黑体 Std，字号为 18 点，颜色为红色（R=186，G=28，B=49），输入文字"点击查看 >>"，如图 12-53 所示，图层面板同时得到"点击查看 >>"文字图层。

图 12-53

（16）如图 12-54 所示选择"分类背景"图层，打开"素材文件 >CH12> 素材 07.jpg"文件，如图 12-55 所示。

图 12-54

图 12-55

（17）选择"移动工具"，将素材07直接拖曳到"分类背景"图层上，并按快捷键 Ctrl+T 调整素材 07 图层的大小及位置，如图 12-56 所示。

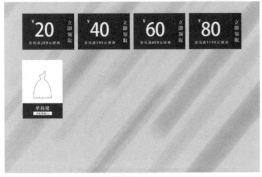

图 12-56

（18）按快捷键 Alt+Ctrl+G 创建剪切蒙版，效果如图 12-57 所示。

图 12-57

（19）选择除了背景图层、banner 组及优惠券组的所有图层，按快捷键 Ctrl+G 编组，并将该组重命名为"分类模板 1"，如图 12-58 所示。

图 12-58

（20）载入素材 08～素材 11，使用同样的方式，创建其他 4 个分类模板，如图 12-59 所示。

图 12-59

（21）创建"产品展示"版块，先创建一个"热卖爆款"的版块。选择"横排文字工具"，设置字体为华文琥珀，字号为 110 点，颜色为深红色（R=165，G=33，B=36），输入文字"热 / 卖 / 爆 / 款"，如图 12-60 所示。

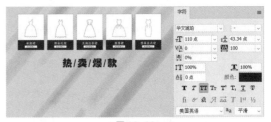

图 12-60

（22）选择"横排文字工具"，设置字体为 Adobe 黑体 Std，字号为 36 点，颜色为深红色（R=165，G=33，B=36），输入文字"Hot selling style"，如图 12-61 所示。

图 12-61

（23）选择"直线工具"，在属性栏选择"类型"为"形状"，描边颜色为深红色（R=165，G=33，B=36），如图 12-62 所示。在图像窗口按住鼠标左键并拖曳，创建宽为 549 像素的直线，如图 12-63 所示。

图 12-62

图 12-63

（24）使用同样的方式，创建其他 3 条直线，如图 12-64 所示。

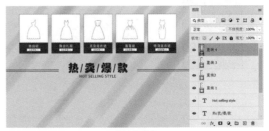

图 12-64

（25）选择"横排文字工具"，设置字体为 Adobe 黑体 Std，字号为 36 点，颜色为深红色

（R=165，G=33，B=36），输入文字"查看更多款式 >>"，如图 12-65 所示。

图 12-65

（26）选择除了背景图层、banner 组、优惠券组及产品分类组的所有图层，按快捷键 Ctrl+G 编组，并将该组重命名"热卖爆款标题"，如图 12-66 所示。

图 12-66

（27）选择"矩形工具"，在属性栏中选择"类型"为"形状"，填充颜色为 #555968（R=85，G=89，B=104），在图像窗口按住鼠标左键并拖曳，创建宽高为 780 像素 ×1200 像素，圆角半径为 45 像素的圆角矩形，如图 12-67 所示，并将该图层重命名为"模板 1"。

图 12-67

（28）选择"横排文字工具"，设置字体为 Adobe 黑体 Std，字号为 27 点，颜色为深红色（R=165，G=33，B=36），输入文字 RMB:，如图 12-68 所示。

图 12-68

（29）选择"横排文字工具"，设置字体为 Adobe 黑体 Std，字号为 55 点，颜色为深红色（R=165，G=33，B=36），输入文字 399，如图 12-69 所示。

图 12-69

（30）选择"矩形工具"，在属性栏中选择"类型"为"形状"，填充颜色为深红色（R=165，G=33，B=36），在图像窗口按住鼠标左键并拖曳，创建宽高为 155 像素 ×35 像素的矩形，如图 12-70 所示。

图 12-70

（31）选择"横排文字工具"，设置字体为 Adobe 黑体 Std，字号为 22 点，颜色为白色（R=255，G=255，B=255），输入文字"立即查看 >>"，如图 12-71 所示。

图 12-71

（32）选择和价格相关的 4 个图层，按快捷键 Ctrl+G 编组，并将该组重命名为"价格"，如图 12-72 所示。

（33）如图 12-73 所示，在"图层"面板中选择"模板 1"图层。

图 12-72　　　　图 12-73

（34）打开"素材文件 >CH12> 素材 12.jpg"
文件，如图 12-74 所示。根据前面所学的"AI 插件
Firefly 智能生成填充"和"调色"等知识对素材进行
修饰。比如，利用智能生成填充功能补全素材、生成
素材、替换素材等，或者利用调色命令对素材光影和
色彩进行调整等操作。如图 12-75 所示为调整后的
素材文件。

图 12-78

（38）使用同样的方式，创建其他 5 个模板，如
图 12-79 所示。

图 12-74　　　　　　图 12-75

（35）选择"移动工具"，将热卖爆款素材 1 直
接拖曳到"模板 1"图层上，并调整该图层的大小及
位置，如图 12-76 所示。

图 12-76

（36）按快捷键 Alt+Ctrl+G 创建剪切蒙版，效
果如图 12-77 所示。

图 12-77

（37）选择除了价格组、素材图层、模板 1 图层
的所有图层，按快捷键 Ctrl+G 编组，并将该组重命
名为"模板 1"，如图 12-78 所示。

图 12-79

（39）载入素材 13~ 素材 17，使用同样的方式
制作模板，如图 12-80 所示。

图 12-80

（40）选择"热卖爆款标题组""模板1组""模板2组""模板3组""模板4组""模板5组"及"模板6组"，按快捷键 Ctrl+G 编组，并将该组重命名为"热卖爆款"，如图 12-81 所示。

图 12-81

（41）载入素材 18~ 素材 26，使用相同的方式，创建"新品上市"版块，如图 12-82 所示。

图 12-82

（42）载入素材 27~ 素材 32，创建"掌柜推荐"版块，如图 12-83 所示。

图 12-83

（43）按快捷键 Ctr l+Shift+S 保存，如图 12-84 所示。

图 12-84

12.5 电商详情页设计

实例位置	实例文件 >CH12> 电商详情页设计 .psd
素材位置	素材文件 >CH12> 素材 33.jpg~ 素材 45.jpg
视频位置	多媒体教学 >CH12> 电商详情页设计 .mp4
技术掌握	电商详情页设计方法

本案例主要学习利用"文字工具""矢量工具"及"剪贴蒙版"等知识制作电商详情页的方法，电商详情页一般由"背景""首焦""产品信息""产品尺码""产品实拍"和"产品细节"等部分构成，本案例最终效果如图 12-85 所示。

图 12-85

（1）打开 Photoshop 软件，按快捷键 Ctrl+N 新建文件，设置相应的宽度和高度，如图 12-86 所示，单击"创建"按钮，效果如图 12-87 所示。

图 12-86　　　　图 12-87

（2）选择"矩形工具"，如图 12-88 所示，在属性栏中选择"类型"为"形状"，填充颜色为灰色 #4b4b4b（R=75，G=75，B=75），在图像窗口按住鼠标左键并拖曳，创建宽高为 1700 像素 ×2430 像素的矩形，并将该图层重命名为"首焦模板"（首焦也叫第一屏），如图 12-89 所示。

图 12-88

图 12-89

（3）根据前面所学的"AI 插件 Firefly 智能生成填充"和"调色"等知识对后面步骤所需素材进行修饰。比如，利用智能生成填充功能补全素材、生成素材、替换素材等，或者利用调色命令对素材光影和色彩进行调整等操作。处理好素材后，打开"素材文件 >CH12> 素材 33.jpg"文件，如图 12-90 所示。

图 12-90

（4）选择"移动工具"，将首焦素材直接拖曳到"首焦模板"图层上，并调整首焦素材图层的大小及位置，如图 12-91 所示。

图 12-91

（5）按快捷键 Alt+Ctrl+G 创建剪切蒙版，效果如图 12-92 所示。

图 12-92

（6）选择首焦素材图层和首焦模板图层，按快捷键 Ctrl+G 编组，并将该组重命名为"首焦"，如图 12-93 所示。

图 12-93

（7）选择"横排文字工具"，设置字体为黑体，字号为 75 点，颜色为灰色（R=75，G=75，B=75），输入文字"产品信息"，如图 12-94 所示。

图 12-94

（8）选择"横排文字工具"，设置字体为 Adobe 黑体 Std，字号为 35 点，颜色为灰色（R=128，G=128，B=128），输入文字 COMMODITY INFORMATION，如图 12-95 所示。

图 12-95

（9）选择"直线工具"，如图 12-96 所示，在属性栏中选择"类型"为"形状"，填充颜色为灰色（R=128，G=128，B=128），描边颜色为灰色（R=128，G=128，B=128），描边大小为 5 像素，在图像窗口按住鼠标左键并拖曳，创建直线形状，如图 12-97 所示，并将该图层重命名为"产品信息条纹 1"。

图 12-96

图 12-97

（10）选择"直线工具"，使用同样的方式，创建另一条条纹，如图 12-98 所示。

图 12-98

（11）选择最上面的 4 个图层，按快捷键 Ctrl+G 编组，并将该组重命名为"产品信息标题"，如图 12-99 所示。

图 12-99

217

（12）选择"矩形工具"，在属性栏中选择"类型"为"形状"，填充颜色为 #4b4b4b（R=75，G=75，B=75），在图像窗口按住鼠标左键并拖曳，创建宽高为 1060 像素 ×975 像素，圆角半径为 35 像素的圆角矩形，如图 12-100 所示。

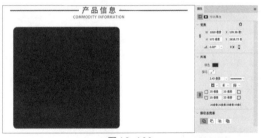

图 12-100

（13）打开"素材文件 > CH12> 素材 34.jpg"文件，如图 12-101 所示。

图 12-101

（14）选择"移动工具"，将产品信息素材直接拖曳到"产品信息模板"图层上，并调整该图层的大小及位置，如图 12-102 所示。

图 12-102

（15）按快捷键 Alt+Ctrl+G 创建剪切蒙版，效果如图 12-103 所示。

图 12-103

（16）选择"横排文字工具"，设置字体为黑体，字号为 44 点，颜色为灰色（R=67，G=68，B=72），输入所需文字，如图 12-104 所示。

图 12-104

（17）选择除了"背景"图层和"首焦"组的所有图层和组，按快捷键 Ctrl+G 编组，并将该组重命名为"产品信息"，如图 12-105 所示。

图 12-105

（18）使用步骤 7~ 步骤 11 制作"产品信息标题"相似的方法，创建"产品尺码标题"组，如图 12-106 所示。

图 12-106

（19）选择"直线工具"，如图 12-107 所示，在属性栏中选择"类型"为"形状"，描边颜色为灰色（R=228，G=228，B=228），在图像窗口按住鼠标左键并拖曳，创建直线形状，如图 12-108 所示，并将该图层重命名为"产品信息底纹"。

图 12-107

图 12-108

（20）按快捷键 Ctrl+J 将刚创建的形状图层复制一层，选择"移动工具"，将它拖曳到如图 12-109 所示的位置。

（21）同样的方式再复制几次该形状图层，放置在如图 12-110 所示的位置。

图 12-109　　　　　　图 12-110

（22）选择"横排文字工具"，设置字体为 Adobe 黑体 Std，字号为 44 点，颜色为黑色（R=0，G=0，B=0），输入所需文字，如图 12-111 所示。

图 12-111

（23）使用"横排文字工具"，设置字体为 Adobe 黑体 Std，字号为 40 点，颜色为黑色（R=0，G=0，B=0），输入所需文字，如图 12-112 所示。

图 12-112

（24）使用同样的方法输入"胸围""腰围""裙长"和"体重"，如图 12-113 所示。

（25）选择除了背景图层、首焦组及产品信息的所有图层和组，将其编组，并将该组重命名为"产品尺码"，如图 12-114 所示。

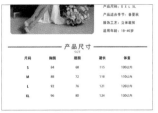

图 12-113　　　　　　图 12-114

（26）使用步骤 7~ 步骤 11 制作"产品信息标题"相似的方法，创建"产品实拍标题"组，如图 12-115 所示。

图 12-115

（27）选择"矩形工具"，在属性栏中选择"类型"为"形状"，填充颜色为 #4b4b4b（R=75，G=75，B=75），在图像窗口按住鼠标左键并拖曳，创建如图 12-116 所示宽高为 1020 像素 ×1635 像素，圆角半径为 45 像素的圆角矩形，并将该图层重命名为"模板 1"。

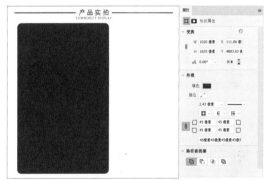

图 12-116

（28）打开"素材文件 >CH12> 素材 35.jpg"文件，如图 12-117 所示。

（29）选择"移动工具"，将素材 35.jpg 直接拖曳到"实拍模板 1"图层上，并调整素材 35 图层的大小及位置，如图 12-118 所示，并将该图层重命名为"产品素材 1"。

图 12-117

图 12-118

219

（30）按快捷键 Alt+Ctrl+G 创建剪切蒙版，如图 12-119 所示。

图 12-119

（31）选择模板和产品素材图层，按快捷键 Ctrl+G 编组，并将该组重命名为"模板 1"，如图 12-120 所示。

（32）使用同样的方式，创建其他 5 个模板，如图 12-121 所示。

（33）使用同样的方式，载入素材 36~ 素材 40，如图 12-122 所示。

图 12-122

图 12-120　　　　图 12-121

（34）选择"矩形工具"，如图 12-123 所示，在属性栏中选择"类型"为"形状"，描边颜色为 #9b8b73（R=155，G=139，B=115），在图像窗口按住鼠标左键并拖曳，创建如图 12-124 所示宽高为 330 像素 ×330 像素的矩形，并将该图层重命名为"方形背景 1"。

图 12-123

图 12-124

（35）使用"横排文字工具"，设置字体为 Adobe 黑体 Std，字号为 48.61 点，颜色为 #9b8b73（R=155，G=139，B=115），输入所需文字，如图 12-125 所示。

图 12-125

（36）使用同样的方式，创建如图 12-126 所示"方形背景 2"和文字图层。

图 12-126

（37）选择 2 个方形背景图层和 2 个文字图层，按快捷键 Ctrl+G 编组，并将该组重命名为"修饰组"，如图 12-127 所示。

（38）选择产品实拍标题组、模板 1 组、模板 2 组、模板 3 组、模板 4 组、模板 5 组、模板 6 组和修饰组，按快捷键 Ctrl+G 编组，并将该组重命名为"产品实拍"，如图 12-128 所示。

图 12-127　　　　图 12-128

（39）载入素材 41~ 素材 45，使用相同的方式，创建"产品细节"板块，如图 12-129 所示。

图 12-129

（40）按快捷键 Ctrl+Shift+S，选择图像的保存位置和格式，如图 12-130 所示。

图 12-130